Copa Books

■自治体議会政策学会叢書■

水は誰のものか

水循環をとりまく自治体の課題

橋本淳司 [著]
ジャーナリスト・アクアスフィア代表

イマジン出版

目　　次

はじめに …………………………………………………………………… 7

1　世界と日本の水課題 …………………………………………… 13
　1　深刻化する水不足 ………………………………………………… 13
　2　黄河で栄えた国が水不足で滅びる ……………………………… 14
　3　水の豊富な国、そうでない国 …………………………………… 16
　4　ライバルのいない国 ……………………………………………… 18
　5　震災前から危ぶまれていた水の確保 …………………………… 19
　6　更新待ったなしの水道管 ………………………………………… 21
　7　期待されるも進まない民間委託 ………………………………… 22
　8　水の消費者になると問題が見えにくい ………………………… 23

2　自治体の水道事業はなぜ海外を目指すか ……………………… 25
　1　さかんに行われる首長のトップ営業 …………………………… 25
　2　水道事業の第3セクター化を図る ……………………………… 25
　3　実施主体は3セク、自治体と企業の連携 ……………………… 27
　4　水ビジネスで一歩先を行く北九州市 …………………………… 28
　5　カンボジアの浄水施設を次々と受注 …………………………… 30
　6　海外進出を迫られる自治体の危機感と課題 …………………… 31
　7　水メジャーの国内進出というもう1つの不安材料 …………… 33

3　海外水インフラPPP協議会 ……………………………………… 35
　1　インフラ整備を官民連携で推進 ………………………………… 35
　2　ビジネスマッチングの場で提案された水技術 ………………… 36
　3　都市問題対策の経験を日本の強みとして売る ………………… 37
　4　老朽管を管理・再生する技術 …………………………………… 40

5　日本は反省をふまえた技術協力を …………………………41

4　開発途上国にフィットした技術を BOP ビジネスで展開する新
　　潮流 ………………………………………………………………43
　　1　水エキスポで注目された安全・安価な浄水技術 …………43
　　2　スリランカのウォーターボードとの契約 …………………47
　　3　ビジネス原理を利用し途上国の課題を達成する手法 ……48
　　4　果たして BOP は儲かるか ……………………………………50
　　5　水提供ではなくまちづくり支援 ……………………………51
　　6　安価な製品を提供してもペイできる ………………………52

5　雨水を活用し洪水対策、水資源確保を図る …………………54
　　1　雨水は蒸留水に近い …………………………………………54
　　2　雨水は生活用水に利用できる ………………………………55
　　3　雨水貯留で洪水防止を図る …………………………………56
　　4　被災地での雨水活用支援 ……………………………………57
　　5　雨水活用都市に必要な大型貯留槽 …………………………59
　　6　海外で本格化する雨水活用 …………………………………61

6　地下水の利用と保全で悩む地方自治体 ………………………66
　　1　自前の水源を確保する動き …………………………………66
　　2　水源買収や過剰くみあげの危険性 …………………………67
　　3　公水論と私水論 ………………………………………………69
　　4　保全を強化する動き …………………………………………70
　　5　条例に実効性はあるか ………………………………………72

7　水循環基本法とはどんな法律か ………………………………74
　　1　いくつもの省庁にまたがり、すき間から水漏れする水行政 ……74

2　オールジャパンで水ビジネス行う体制づくり ……………76
  3　官僚の逆襲で当初目的を達成できず ………………………77
  4　世界的水不足、震災の影響で活発化する地下水ビジネス ………78
  5　失われつつある各地の名水 ……………………………………80

8　地下水の見える化で水マネジメントが変わる ………………83
  1　東京湾に注ぐ利根川の水 ………………………………………83
  2　地下水は公のものという認識 …………………………………86
  3　適切な利用と保全が可能に ……………………………………87
  4　外国人の土地取引も冷静に ……………………………………90
  5　流域意識の芽生え ………………………………………………90

9　小規模コミュニティーには水道シフトが必要 ………………92
  1　大量のエネルギーを使う上下水道 ……………………………92
  2　「低・遠」の水源から「高・近」の水源へシフト …………93
  3　重い負担になるダム受水 ………………………………………94
  4　浄水方法でコストや消費エネルギーは変わる ………………96
  5　クリプト対策で生物浄化法（緩速ろ過）を選択したまち ……97
  6　復活する生物浄化法（緩速ろ過）……………………………99
  7　限界集落を救った小規模給水施設 …………………………100
  8　人口の少ないコミュニティーでも持続できる下水道 ……106
  9　合併浄化槽の活用 ……………………………………………107
  10　省エネ、低コスト、安定処理の散水ろ床法 ………………108
  11　エネルギーや堆肥をつくれるコンポストトイレ …………109

10　FEW（food、forest、energy、water）を自立するコミュニティー ……………………………………………………………111
  1　ＦＥＷの自立とは何か ………………………………………111
  2　日本の森と水源がピンチに …………………………………113

3	身近な木材を使うことの大切さ	114
4	地下水涵養量を増やすしくみづくり	116
5	使用量以上の水を涵養する工場	119
6	農地にとっても大きなメリット	120
7	食料生産には水が必要	121
8	循環利用で食の自立を図る	122
9	山間部で小規模水力発電を	123
10	人が水の循環に与える影響	125

著者紹介 …………………………………………………………127

発刊にあたって ……………………………………………………128

はじめに

　「ありがとう」の反対語は「あたりまえ」なのだという。「有難い」「当たり前」と漢字で表記して、なるほどと思う。日本では、水は「あたりまえ」にあるものと思われてきた。すなわち「ありがたい」ものではなかった。そうした意識のために、私たちは水の課題に気づきにくくなっているのではないか。

　日本における水の主要課題は3つあるといえる。

　1つ目は、地球レベルで深刻化する水不足の影響である。日本は海外の水に依存した生活をしている。多くの食料を輸入に頼るが、それらが生産過程で必要とする水の量は、年間数百億トンにおよぶ。
　しかしながら諸外国は水不足に直面し、たとえば、総輸入量の約5分の1に当たる小麦をオーストラリアから輸入するが、同国では水不足から小麦の不作が続いている。一見の対岸の火事に見える諸外国の水問題は、私たちの生活に直結している。
　人口増加にともない水需要は増える一方だが、とりわけ食料生産する水が不足する。マギル大学ブレース・センターで水資源マネジメント研究に従事する研究者たちは、2025年の世界の食料需要予測に基づき、食料生産を増やすためには、さらに2000km^{3}の灌漑用水が必要になると試算している。2000km^{3}という量はナイル川の平均流量の約24倍である。

また現在の水使用パターンを前程とすると、2050年の世界の予想人口が必要とする水の量は、年間3800km^{3}となり、現時点で取水可能な淡水量にほぼ匹敵する。つまり現在の水使用パターンを変えない限り、人間が享受している重要な環境サービスの大半が失われると予測できる。

　2つ目は、水資源の問題である。日本の年間平均降水量は約1690mmで、世界平均の約2倍ある。しかしながら、冬期の積雪、梅雨、台風期に集中している。また日本列島は山地が多く、降った雨は約2日で海へと流れてしまう。このため数ヶ月間降水がなければ渇水に見舞われることになる。
　水源の保全や利用に関するルール整備も遅れている。東日本大震災以降、個人・企業の地下水利用が進み、新規に掘られた井戸は1年間に約2万本とされる。ペットボトル水の生産・消費量も増えている。日本ミネラルウォーター協会によると、2011年のペットボトル水市場は国産・輸入を合わせて生産量317万2207キロリットルで前年比26.0％増。12年に入っても需要は高いレベルで推移している。飲料水サーバーを設置し、水の宅配を受けるサービスも普及している。日本宅配水協会によると、宅配水サービスの11年の市場規模は910億円と、過去4年間で3倍強に拡大した。

　利用がすすむなか「水は誰のものか」という本質的な問いかけを聞くようになった。現行法では地下水利用権は土地所有者のものとされるが、無秩序に汲み上げられると周囲に影響が出る可能性が高い。

そのため各自治体は水源の保全や地盤沈下防止などを目的とする条例を定めはじめている。

しかしながら地下水利用規制が、憲法で定める財産権に抵触するという見方もあり、自治体は国に新たな法律制定を望むが、国の動きは鈍い。本来、地下水の保全と利用は、膨大な水文学的な知見を必要とし、条例の範囲を超えるケースが多い。条例でなく国の法律で管理すべき事であろう。

3つ目は、水道の持続性に黄信号が灯っていること。人口減少による生活用水の減少、工場の海外移転、地下水利用による工業用水の減少、水田減少による農業用水の減少から、水道事業の経営は行き詰まっている。東京都の11年4月〜12年2月の11カ月間の総供給量（計13億5381万立方メートル）は前年同期比2.6％減で、料金収入では98億4200万円のマイナスとなった。

最近、自治体の水道事業が海外進出を企図するのは、世界の市場規模が2025年には87兆円になるとされる成長分野への進出が狙いだ。その一方で、海外の水メジャーが国内に進出するなど自治体側も市場の荒波にさらされている。

本書では、こうした課題について解説しながら、いくつかの解決方法を提示していきたい。

第1話では、世界と日本の水課題を俯瞰する。世界人口は2011年に70億人を突破、2025年には81億人になり、そのうち都市人口は46億人になると予測される。都市生活者の増加は水使用量の増加につな

がる。

　第2話、第3話は、日本の水事業の海外進出について。最近では自治体が保有する水道事業ノウハウ（経営計画、施設の計画・設計・施工、維持管理）などを、知事や市長自ら諸外国に売り込むケースも目立っているが、その現状と課題を述べる。

　第4話では、日本が保有する伝統的な浄水技術が開発途上国で活かされるケースについて述べる。高付加価値の商品やサービスが注目されるが、ローテクであっても、コストがかからず、維持管理の簡単な手法への注目度は高い。

　第5話では、雨水活用について述べる。雨水活用には大きく3つの役割がある。第1に気候変動にともなう都市型洪水の防止。タンクなどに一定量の雨水を貯留し、雨水の流出速度を抑制する。第2に身近な水源。東京都の年間降雨量は約1400ミリだが、仮にすべての雨水を集めると東京都の年間水道使用量を上回る計算になる。第3に災害時のライフポイントとしての役割だ。初期雨水をカットできれば雨水は比較的清浄であり、保存することによって災害時の水源として活用できる。

　第6話、第7話、第8話は、地下水マネジメントについて述べる。自治体が地下水利用に関する条例をすすめ、国は水循環基本法を制定しようとしている。地下水脈は自治体の範囲を超えて流れるため、流域単位で表流水・地下水を一体化した水マネジメ

ントが求められており、それを可能にする技術も現れている。

　第9話は、小規模集落に適した新しい水道について述べる。大分県豊後高田市の黒土地区は人口223人の小集落で良好な水源がない。表流水、浅層地下水は乏しく、比較的水量を確保できる深層地下水には、鉄、マンガンが多く含まれる。いわゆるカナケの強い、黒茶色の濁り水で、飲用はもちろん、洗濯・風呂などに使用するのもむずかしい。住民は毎日10キロ離れた湧水を汲み生活用水とする。水道事業の財政は厳しく、小規模集落に新たな水道を敷設する計画はない。住民の間には見捨てられた感が広がっている。これは発展途上国の話ではない。こういう地域は日本各地に人知れず存在する。

　代替案は市民が自主管理する小規模飲料水供給施設である。この集落では、自治体からの助成も受け、浄水能力8トン／日の小規模飲料水供給施設が整備された。地元の住民によって管理が行われ、NPOが、モニタリング、水質検査、維持管理・施設の改善案の提案などを行っている。

　厳しい水道経営に対処するため、厚生労働省はスケールメリットで対応すべく「広域化」という方針を打ち出しているが、このような小規模集落までも含めた広域化は実際には厳しい。公共サービスのほつれをNPOと市民で補うという新しい形が誕生している。

　第10話は、今後のコミュニティーのあり方について述べる。

日本の社会は「大規模集中」の効率のよさを享受しながら発展してきた。しかし、東日本大震災は大規模集中のマイナスの部分を顕在化させた。そうしたことから、エネルギーの小規模分散という考え方に注目が集まっているが、水道も同様に小規模分散を考えるタイミングにきている。

　さらにいえば自然と共生しながら、地域内で生産されたモノを地域内で循環利用するという新たな道を模索するタイミングでもある。

　コミュニティーにとって水は生命線であり、水を自立的に確保できてはじめてコミュニティーは自立できるといえる。それぞれのコミュニティーに合った方法が必要であり、水という視点で、食、エネルギー、森を見直すことで、地域の最適解が見えてくるだろう。

　本書によって水の「ありがたさ」が再認識され、将来を見据えた水の保全と利用がすすむことを願ってやまない。

2012年9月

橋本淳司

1　世界と日本の水課題

1　深刻化する水不足

　世界中で、都市インフラ整備に関するプロジェクトが目白押しだ。これから数年のうちに、アジア、アフリカを中心に2兆ドル以上の市場があるとされる。

　とりわけ注目されているのが、生活の基本インフラである水道だ。

　十年ほどまえから、日本政府も企業も上下水道ビジネスに注目するようになり、政治家の「水ビジネス大国ニッポンをめざす」、「和製水メジャーをつくってイニシアチブを握る」などの発言も聞く。

　その背景には、深刻化する水不足がある。

　2012年3月、仏マルセイユで開かれた第6回世界水フォーラムでは、4つの課題が指摘された。

　1つ目は、人口増加と、生活様式が西欧化して肉食が増えたことで、2050年までに食料需要は約70％増加し、農業の水消費量は20％近く増加すること。（※現状ベースで試算した場合）

　2つ目は、帯水層（地下水を含む岩や土の層）からの取水量がこの50年間で3倍に増え、現在では飲料水全体の約半分を占めること。地下水が涸渇する地域が増え、水管理の見直しと節水努力が必要になっている。

　3つ目に、気候変動がもたらす水問題（渇水、洪水

など）への対策費は、2020年から2050年の間に、年間137億ドル〜192億ドル（約1兆1300億〜1兆5800億円）に達すると予測されること。

4つ目は、世界で約25億人が不衛生な環境に暮らしており、2015年を期限とする国連ミレニアム開発目標を達成できない可能性が高い（安全な飲料水の確保の目標は達成される見込み）こと。

そのほか今後の不安要素としてあげられたのが、食料やバイオ燃料確保のため、欧米、中東諸国、中国、インドなどがアフリカで農地を取得していることだ。自国の食料・エネルギー需要を満たすために他国の水資源を浪費し、その地域が犠牲になるのではないか、と懸念されている。

2　黄河で栄えた国が水不足で滅びる

ここ数年、西日本では秋にも黄砂が吹くようになった。季節外れの飛来は中国内陸部の干ばつや砂漠化の影響だ。日照り続きで表土が乾燥すると黄砂の原因となる砂塵嵐が発生しやすくなる。

中国北部、内陸部は記録的な干ばつに襲われ「このまま雨が降らなければ黄河で栄えた国が水不足で滅びる」と言われている。とくに華北地方（淮河以北の中国北部）と黄淮地方（黄河と淮河に挟まれた地域）では、農地は干上がり、飲み水は不足している。この地を潤していた黄河の水量は減り、干上がって砂漠になっているところも多い。

2010年1月、黄河水利委員会の李国英主任は「1980年から2000年の黄河の流量は1956年から1979年に比べ18パーセント減少。今後2020年には15億トン減り、2030年には約20億トン減る」と発言し

た。

　水不足が深刻になったのは、各地で都市化が進み、水使用量が増えたことが大きい。

　北京の1人1日当たりの水使用量は、1950年頃には6リットル程度だったが、北京オリンピックのあった2008年には260リットルに増えた。これはライフスタイルの変化による。かつては大家族が一般的だったが、1人暮らし世帯が増え、そこに洗濯機、風呂、トイレがある。また、都市には病院、ホテル、学校など、水を大量に使う施設も増えた。

　世界人口は2011年に70億人を突破、2025年には81億人になり、そのうち都市の人口は46億人になると予測されている。開発途上国で都市化がすすみ、

干上がった官庁ダム（北京郊外）

快適で便利な生活をする人が増えると、水の使用量は、ますます増えることになる。

気候変動の影響も指摘される。チベット高原の氷河と地下水は「アジアの給水塔」と呼ばれる。

チベット高原は、東南アジア、南アジア、中央アジアを流れる多くの河川の水源であり、水はここを中心に放射状に流れている。ところが気候変動でチベット高原の永久凍土が溶け始めた。気温が上昇し、乾燥化が進み、水循環に変化が起きている。雨量が減り、湿原は減少。湿原を水源とする川の水量も激減している。川沿いに暮らすおよそ30億人の生活に影響が出はじめている。

3　水の豊富な国、そうでない国

世界各地で人口が増え、使用する水の量も増えている。今後も発展途上国を中心に人口が増え、産業発展や都市化の影響で、水不足はより深刻になると考えられている。

そのため世界中の要人が警告を繰り返すようになった。

2002年、国連のアナン前事務総長は「各国の熾烈な水資源獲得競争により、水の問題が暴力的な紛争の火種を内包している」と訴えた。07年には、国連の潘基文事務総長が、別府で開催された「アジア・太平洋水サミット」の席上、「水をめぐる対立は、いつ戦争に発展するかわからない」と警告した。さらに09年の世界経済フォーラム年次総会（ダボス会議）でも、水資源の需要がエネルギー生産分野を中心に高まっていることに触れ、「水が今後、石油よりも貴重な資源」になる可能性を示し、「人類は今後20年以

内に、水資源獲得の熾烈な競争を演じるだろう」と予測している。

　ライバルとは「競争相手」「好敵手」を意味する英語、「rival」でその語源は、ラテン語「rivalis」、「同じ川の水利用をめぐって争うもの」という意味だ。

　現在、世界各地で水不足が発生し、その一方で水需要が増えているため、少ない水をめぐり、川の上流に位置する国や地域と、下流に位置する国や地域が水を奪い合うようになった。

　たとえば、上流国が大量に農業・工業・生活用水を使えば、下流国に流れてくる水は減る。上流国の工業排水や農業排水は国境を越えて下流国まで流れ、水を汚染する。結果として、下流国の使える水は少なくなる。

　世界には、国境をまたいで流れる国際河川が約260

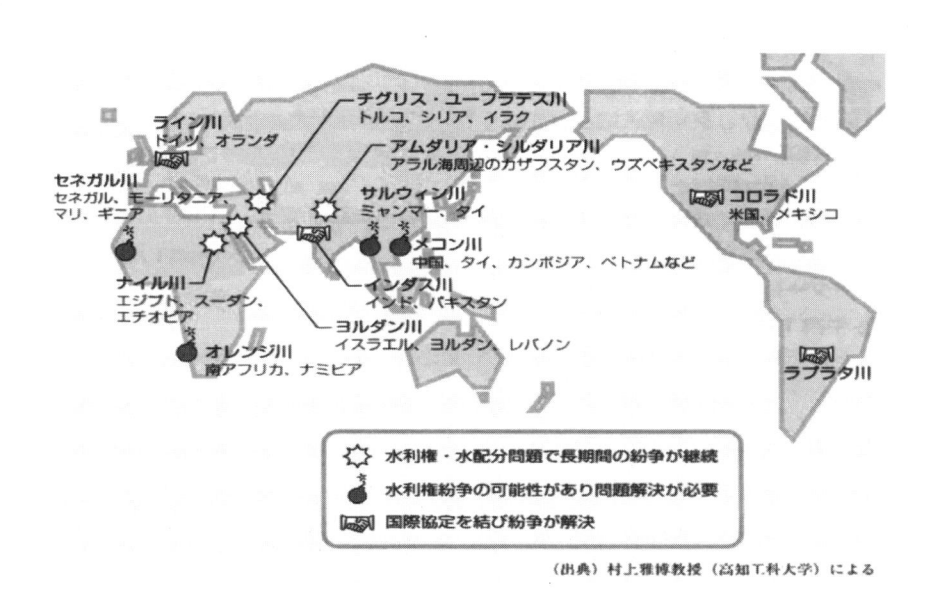

第1章　世界と日本の水課題

- チグリス・ユーフラテス川
  トルコ、シリア、イラク
- ライン川
  ドイツ、オランダ
- アムダリア・シルダリア川
  アラル海周辺のカザフスタン、ウズベキスタンなど
- セネガル川
  セネガル、モーリタニア、マリ、ギニア
- サルウィン川
  ミャンマー、タイ
- コロラド川
  米国、メキシコ
- メコン川
  中国、タイ、カンボジア、ベトナムなど
- ナイル川
  エジプト、スーダン、エチオピア
- インダス川
  インド、パキスタン
- ヨルダン川
  イスラエル、ヨルダン、レバノン
- オレンジ川
  南アフリカ、ナミビア
- ラプラタ川

☆　水利権・水配分問題で長期間の紛争が継続
●　水利権紛争の可能性があり問題解決が必要
　　国際協定を結び紛争が解決

（出典）村上雅博教授（高知工科大学）による

水紛争地図（村上雅弘高知工科大学教授作成）

本あり、国際河川の流れる国は約140か国ある。国際河川の上流国が思うままに水を使うと、下流国に大きなストレスを与える。これが水をめぐる争いの原因となる。米オレゴン州立大の調査では、1948〜99年の間に、37件の水を巡る武力衝突が発生した。

4 ライバルのいない国

とくにアラル海地域、インダス川、ヨルダン川、ナイル川、チグリス・ユーフラテス川流域は5大水紛争地域と言われ、水をめぐる紛争の激化が心配されている。紛争を防ぐために、国際河川の利用に関するルールの必要性が叫ばれてきたが、具体的で実効性のある条約はない。

1997年、国連は「国際水路の非航行利用に関する条約」を制定。川や運河など、いくつかの国々で共有する水路について、各国の行動指針として、「公平かつ合理的利用」および「近隣国に重大な害悪を及ぼさない義務」という2大原則を定めている。

しかし、「合理的」や「重大な害悪」をどう解釈するかは、各国が定めることになっている。また同条約の発効には35カ国の批准が必要だが、現在16カ国に止まっている（日本は署名も批准もしていない）。

実際には、国際河川の利用や管理に関するルールは、2国間協定が大半を占める。2カ国以上にまたがる国際河川についても、2国間ずつ協定を結ぶことが多い。優位な立場にある上流国は、多国間の枠組みに手足を縛られるのは損と考える。

国際河川の上流国と下流国の間には、水利用をめぐっての緊張感が常にある。

韓国の首都ソウルを流れる漢江の上流は北朝鮮の

水源地帯で、大型ダム（金剛山ダム）が建設されている。北朝鮮がこのダムから一気に放水すると漢江は氾濫し、首都ソウルが大ダメージを受ける可能性がある。そこで対抗策として、韓国は国境近くに空っぽの大型ダム（平和ダム）を建設した。これは世界でも前例のない、防衛目的に建設されたダムだ。

　日本人が水問題に敏感でないのは、四方を海に囲まれた島国であることに尽きる。四季を通じて雨に恵まれ水資源は比較的豊かである。それに加えて島国であるために国際河川がないことも大きな理由だろう。

　日本の川は日本の川として上流から下流まで完結している。それゆえ水を利用するときに、他国との関係を気にする必要がないため、多くの日本人は、水紛争とは関係ないと考える。

　しかし現在、水は食料品や工業製品に姿を変えて流れるようになった。食料生産、工業製品生産には莫大な水が必要で、そのほとんどを他国からの輸入に依存している日本は、他国の水に依存していると考えられる。日本が輸入する食料の生産に必要な水の量は、年間数百億トンになるといわれる。たとえば輸入量の約５分の１にあたる小麦をオーストラリアから輸入しているが、オーストラリアでは水不足の結果、小麦が不作となっている。

　こうした視点で見ると、日本は国際河川の下流国であり、世界的な水問題の渦中にあると言える。

5　震災前から危ぶまれていた水の確保

　じつは日本の水は、さまざまな問題をかかえている。

1つは水道の問題だ。水道料金は全国的に上昇傾向にあり、20年前と比べて20％上昇している。自治体ごとに料金はまちまちで、その差は広がりつつある。

一般家庭での平均的な使用料である月20トン（口径20ミリ、2010年4月現在）の料金を比較すると、全国で1番高いのは熊本県宇城市旧三角町地区の1万2600円。最も安いのは山梨県笛吹市旧芦川村地区の840円だ。

水道料金はコストを給水人口と給水量で割るしくみ。そのため設備投資が増加する、給水人口が減る、給水量が減ることで値上げの可能性が出てくる。

水道事業者が実情に合わない設備投資を行えばツケはいずれ料金に反映される。今後、少子高齢化が進めば、給水人口、給水量ともに減って、さらに水道料金は上昇する。

それは水道事業者の経営状況がすでに厳しくなっていることの現れでもある。水道事業の年間収入は水道で2.8兆円、下水道1.4兆円。利益率は水道で約9％、下水道約7％。一見健全な状態が保たれているように思えるが、ここにはいくつかのマジックが隠されている。

まず上下水道の利益率は、補助金（他会計繰り入れ）を含めた数字だ。特に下水道は原価に見合った水準に料金が設定されていない。赤字分を補うために巨額の補助金が投入されている。

さらに人口増加を前提とした過去の設備投資の結果として、巨額の借入金が残っている。その額は、水道で10.6兆円、下水道では31.8兆円にのぼる。最近になって借金額が減少したように言っているが、それは高利の債務を低利のものに借り換えたに過ぎ

ない。

6　更新待ったなしの水道管

　最近、水道管の破裂事故の話をよく耳にする。自然災害や道路工事などに伴う事故も含まれるが、老朽化が主な原因と考えられている。

　2010年の水道管破裂事故は1200件、下水道の陥没事故は4700件。日本水道協会の調査では、全国の水道管の総延長約61万キロメートルの内、法定耐用年数（40年）を過ぎた管路は、約3.8万キロメートル。これは地球1周分に当たり、今後はさらに増えていく。

　耐震化対応も必要だとされている。耐震化対応した浄水場は全体の16％、耐震化対応した水道管は15％とされる。

　水道管の耐震化は老朽管の更新にあわせて実施するのが一般的だが、その費用は1キロ当たり1億〜2

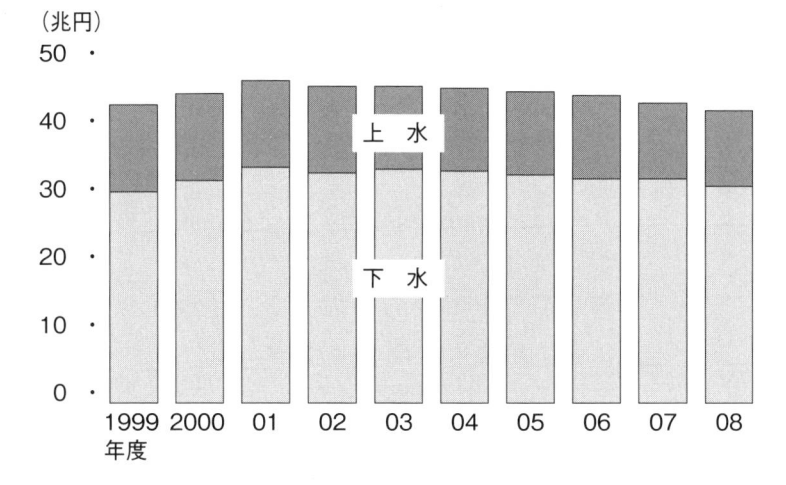

地方公営企業の起債残高の推移
出所：総務省

億円かかる。そんな金は地方にない。では国の補助金はどうか。

「耐震化は国がやるべき事業なのか。水道事業の責任は、地方自治体が負っている」とは事業仕分けのときの枝野幸男衆議院議員の発言だ。事業仕分けの結果、水道施設整備に対する国の補助金は減った。

現在多くの自治体は水道管の「延命化」に取り組んでいる。財政事情から正規の耐用年数で更新できないので、水道管の内部に保護膜を張るなどして鉄さびの進行を抑え、20～30年長持ちさせる。

しかし、いつまでも延命策を続けられるわけではなく、現在のしくみを抜本的に見直す必要がある。

水道管の更新が進まない問題は全国的にあるが、対策費を捻出するための値上げは市民負担となるため政治家は議論を避けてきた。一方で市民に「水道水をもっとおいしく」「水道料金をもっと安く」と求められると、いい顔をしてしまうので市民に実情が伝わらない。

このままでは災害時に大きな被害を出しかねず、安全な社会を作るためにも、抜本的な対策が必要だ。

7　期待されるも進まない民間委託

2002年に水道法が改正され、第3者への業務委託が制度化された。民間の活用によって水道経営を改善することがねらいである。法改正以降、表面的には上下水道の民間委託は増えている。下水道で8割、水道で3割の民間委託が行われている（基幹施設）。

しかし、ほとんどが運転の部分委託で、包括委託の件数はわずかだ。

民間からすると「うまみがない」。複数の業務を

包括受託し「民間に裁量がなければ付加価値は生まれない」と考えている。一方、水道事業者は「包括委託の事例が少なく、民間企業の信頼性に不安がある」と感じている。最終的な供給責任を負うのは水道事業者であるため簡単に包括委託などできないというわけだ。

　自治体が民間に業務を委託する際には再委任が禁じられるケースが多い。つまり民間は受託した業務の一部を別の会社に依頼することができない。こうなると受託企業は水質検査や汚泥処理などもすべて自社でこなさなければならないが、そこまでの準備ができている企業は少ない。

　水道業界は人の問題も抱えている。経費削減のため新人採用をおさえた結果、組織の構成は上の世代ほど多く、下の世代は少ない。上の世代が定年退職したときに技術の継承がはかられない可能性が高い。

　日本の水道事業体数は約2000あるが、給水人口5万人以下の小規模水道が75％をしめている。そうした地域ほど人口は急速に減少しており、近い将来、事業継続が困難になるだろう（対策については、第9章「小規模コミュニティーには水道シフトが必要」で述べる）。

8　水の消費者になると問題が見えにくい

　水に関して大きな問題が進行していたのに、利用者である私たちが気づかなかったのはなぜか。それは私たちが水の消費者になったためである。

　本来、水は自分たちで確保するものだった。しかし、社会の発達とともに水の供給を専門に行う事業者にまかせるようになった。水道事業者は、多くの

消費者を相手にし、大規模集中的に処理（上下水道処理）したほうが、効率的である。

　だが水の供給者と水の需要者の完全な分離は、供給活動で起きている課題をわかりにくくする。需要者は高品質で安価な水を求めるが、それ以外のことには興味をもたない。それは電気事業と同じ「まかせきり」の構造だ。

　他者への依存が過度に進むと、いざというときに自分の安全は守れない。大きなしくみが優先されると、個人や小さなコミュニティーは切り捨てられる可能性もある。「水は蛇口をひねれば出る」「水はただ」といういつのまにか定着した認識を疑ってみる必要がある。

2 自治体の水道事業はなぜ海外を目指すか

1 さかんに行われる首長のトップ営業

　北九州市の北橋健治市長は2011年7月、水処理や水技術の関係者が一堂に会する世界的なイベント「シンガポール国際水週間・水エキスポ」で基調講演し、上下水道技術の売り込みを図った。北橋市長は講演に先立つ会見で、「水ビジネスを海外にPRできるチャンス」と意気込んだ。

　大阪市の平松邦夫市長（当事）も同時期にベトナムを訪問、上下水道建設に技術協力する包括提携をホーチミン市と結んだ。

　2010年4月、東京都は猪瀬直樹副知事を中心とする海外事業調査研究会を設立。8月にはマレーシアに猪瀬副知事を団長とする調査団を送り、その後9月にはマレーシア側からチン・エネルギー・環境水大臣一行が東京都を視察した。

　こうしたトップ営業に象徴されるのが、自治体の水ビジネス参入の動きだ。自治体が保有する水道事業ノウハウは、経営計画、施設の計画・設計・施工、完成した施設の維持管理など幅広い。このノウハウを武器に2025年には87兆円と言われる水ビジネス市場に参入しようというわけだ。

2 水道事業の第3セクター化を図る

　東京の水道技術、とりわけ漏水防止技術は高い。

漏水率（浄水場から送り出した水が蛇口を出るまでに漏れ失われる水の割合）は約3％。世界の主要都市の漏水率は多いところでメキシコシティ35％、ロンドン26％、平均で10％程度とされる。

漏水防止のメリットは3つ。1つ目は水の有効利用。東京都は水道管の材質改善、点検補修の徹底で、過去50年間に漏水率を20％から3％に下げたが、改善分は約250万人への配水量に匹敵する。2つ目は、

漏水調査

浄水やポンプ導水にかかるエネルギーの節減。CO_2換算で年間7万3000トン削減したこととなり、乗用車3万台の排出量に相当する。3つ目は、水質の安全性向上。漏水で水圧が下がると断水時に汚水を引き込む懸念があり水が飲めなくなる。途上国では漏水が原因で、浄水場を出るときは安全な水でも蛇口では飲用不適となるケースもある。東京都が蓄積したノウハウは海外の多くの水道に貢献できるわけだ。

事業の中核を担うのは、第3セクター・東京水道サービス株式会社（東京都、クボタ、栗本鐵鋼所などが出資）である。東京水道サービスは、東京都から水道施設の運転管理業務、漏水防止・管路等の維持管理業務、給水装置（各家庭への引込管等）工事の審査・検査業務など水道事業運営上重要な業務を受託している。

自治体は活動しやすいように組織の改変を進めながら水ビジネスを実施しようとしている。横浜市も東京都と同じく水道事業の第3セクター・横浜ウォーター株式会社を2010年7月に設立（市が全額出資）した。

3　実施主体は3セク、自治体と企業の連携

自治体の水ビジネスは企業との連携が重要なカギを握っている。実施主体は第3セクターまたは自治体が民間と連携することが現実的とされる。

東京水道サービスは三菱商事、日揮、産業革新機構などと連携し、オーストラリアの水処理会社を買収するなど積極的な動きを見せているし、横浜ウォーターは日揮と提携しながらインドやサウジアラビアで受注活動をしている。

川崎市はJFEエンジニアリング、野村総合研究所と共同で国の支援を受け、豪州の生活用水確保、雨水処理を行うFS調査（事業化あるいは事業継続が可能かを探る調査）を始めた。また大阪市はパナソニック環境エンジニアリング、東洋エンジニアリングと連携し、ベトナム・ホーチミン市で上下水道事業支援に動き出した。ホーチミン市は人口が急増し、給水能力は限界に近づいている。100年以上前の水道管もあり漏水率は40％。水道公社は水不足を補うため、給水船で家庭に水を届けるなどしているが、タンクにためた雨水をトイレや調理に使い、河川水で洗濯する家庭も多い。一方で同市はサイゴン川流域にあり、熱帯地方特有の豪雨で水害の多発に悩まされている。

　大阪市も低地の多い地形ゆえに水害対策に多くの経験とノウハウを有している。水害に悩まされてきた大阪市が開発した効率のよい給水システムや、水害を防ぐ大規模下水道などの技術に期待が寄せられ、現地調査に入ることになる。

4　水ビジネスで一歩先を行く北九州市

　多くの自治体が水ビジネスに手を挙げるなか、頭一つ抜け出した存在が北九州市だ。同市はかねてから中国・大連市、ベトナム・ハイフォン市などへの技術協力を通じ、現地政府との人的パイプを築いてきた。高度経済成長期には工場廃水が流れ込み「死の海」と呼ばれた洞海湾を、官民共同で公害対策をしてきた結果、現在は水質改善され魚介類も棲息するまでになった。こうした過去の経験が水ビジネスを優位に展開する財産になっている。実際、「水質汚

染に悩む途上国関係者に洞海湾の40年前と現在の比較写真を見せることがいちばんの営業になる」と市の水道関係者は言っている。

　また北九州市には国の支援を受けたウオータープラザ（NEDOが建設し2011年4月稼働）がある。ここは企業が水循環技術の実証実験を行うテストベッドであると同時に技術普及や商談の場、人材育成の場をかねている。

　プラザ内には、日立プラントテクノロジー、東レの技術を核にした造水施設がある。施設の特徴は、海水淡水化と下水再生処理を組み合わせたこと。

　海水淡水化技術には大量のエネルギーが必要。1トンの水処理に最低でも0.4キロワット／時かかる。

ウォータープラザ内の浄水ユニット

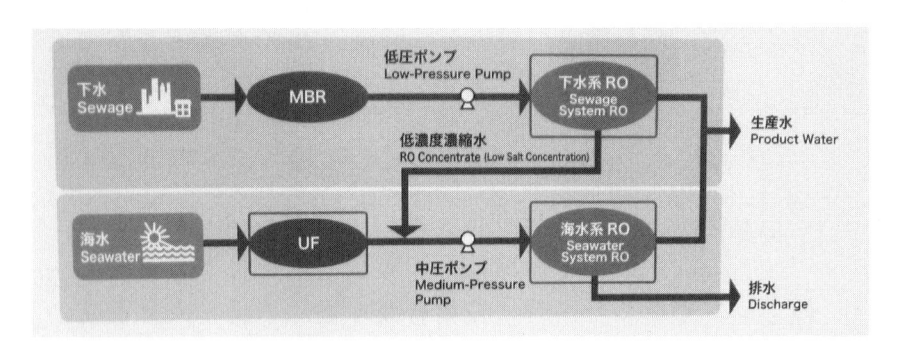

海水淡水化、下水再生を融合したしくみ

　世界各地の都市で水不足を補うために海水淡水化がすすめられているが、エネルギーを大量につかい、コストもかかるため都市の持続可能性を弱める懸念がある。ウオータープラザでは海水淡水化と下水再生を同時に行う。海水淡水化された真水、下水再生された真水を最終的に合流させる。これならば海水淡水化だけの場合にくらべ、エネルギーとコストを２分の１に削減できる。しかもできた水は飲用基準を満たしている。
　北九州市はウオータープラザを中核施設とし、下水道技術を海外に売り込む国の拠点「日本版下水道ハブ」を目指している。しかし本音を言えば上水道分野も含めた「水ハブ」をめざしているのだろう。下水再生水は現在の国内法では飲用不可だが、シンガポールなど下水再生水を飲用に利用している国はすでにあり、彼らから見れば下水再生水＝上水ということになるからだ。

5　カンボジアの浄水施設を次々と受注

　2011年3月、北九州市はカンボジア・シエムレア

プ市の浄水場建設事業の設計に関する指導助言業務を受注した。

シエムレアプ市では、都市化の進展と観光客の増加で水道水供給量が不足しており、新たな浄水場が建設されることになった。

設計は、国際協力機構（JICA）の援助を受け、日本企業が2009年に受注したが、配水管網計画や需要予測、財務分析などについて指導助言を行う支援業務は公募された。北九州市は、横浜市の調査研究機関「浜銀総合研究所」と連携し、この業務を約1400万円で受注。

さらに2011年8月には同国センモノロム市の上水道整備事業の基本計画も受注。同市はカンボジア東部に位置する人口8000人の都市だが、水道インフラが未整備で、市民は河川水を生活用水に使用している。しかし、乾季には水不足が深刻化するうえ、地下水からヒ素が検出されるなど供給と衛生の両面で問題を抱えていた。建設する浄水場は日量350～400トン、市民の半数となる4000人分の供給が可能となる。2011年11月から現地調査に入り、浄水場完成は2014年5月を予定。このように水ビジネスで海外進出に取り組む日本の自治体の中で、北九州市が大きくリードしている。

6 海外進出を迫られる自治体の危機感と課題

自治体が海外進出を企図するのは、水道事業の将来に対する危機感もある。水道インフラ（施設や管路）が老朽化し更新時期を迎えているにもかかわらず多額の負債と収益低迷に苦しむ現状があり、海外へ活路を求めたわけだ。

動きが急激に進むなか課題も残っている。公務員が自治体外、しかも海外でビジネスを行ってもよいのか、ビジネスが失敗した場合、その補填は税金で行われるのかなど、法整備や住民への説明は十分に行われてはいない。

総務省は、地方自治体の水道事業が海外展開するに当たっては、次に示す4つの観点を参考に、その趣旨・目的を明確にする必要があるとしている。

① 水道事業のビジネスとしての海外展開と国際貢献

水道ビジネスの国際展開は、現地の生活水準の向上を通じて開発効果をもたらすという観点から国際貢献と考える。

② 水道事業の持続性確保

水道事業の海外展開を実施することにより、知識・技能が有効活用され、新たな収入源ともなることから、水道事業の持続性確保に通じると考える。

③ 技術の継承と人材育成

水道事業を海外に普及することは、日本の水道職員の技術継承やリスク管理の実践の場となるとともに、その経験のフィードバックにより人材育成にも通じると考える。

④ 地域産業振興

水道事業の海外展開を官民連携して実施することは、地域の産業振興にも資することからも有益なことと考える。

しかし、ここにも自治体が海外で活動する法的な根拠（水道法、地方公営企業法、地方公務員法、派遣法など）は示されておらず、新たな法改正が必要となり検討が始まっている。

総務省は2010年3月、「地方自治体水道事業の海外展開チーム」を設立し、地方自治体が有する水道の運営・管理ノウハウを活用した海外展開について検討をはじめた。現状の法規制の基で地方自治体が参画できる方法について整理し、第3セクターを介して参画する方法、公営企業の附帯事業として参画する方法の2通りの可能性を示唆している。また地方自治体が海外展開する際の費用負担について、国際貢献に要する費用は公営企業会計の営業費用で支出してよいとしている。

　しかし現実の海外での水ビジネスは非常に厳しい利権争いの世界であり、国際貢献の枠内に止まるものではない。

　相手国の政府の崩壊、為替の変動、経済の破たん、国際紛争など、地方自治体では対応できない事態が起こる可能性もあり、慎重な態度が求められる。

7　水メジャーの国内進出というもう1つの不安材料

　自治体の危機感としてもう1つ忘れてはならないのが、海外水メジャーの日本進出である。2006年、水メジャーの一角であるヴェオリア日本法人が埼玉県と広島市で下水道維持管理の包括委託を約34億円で受注した。

　水道事業への初の外資参入のケースとなり、「黒船来襲」と大騒動になったが、その後もヴェオリアは積極的な営業展開を行っている。07年には千葉県から1日当たり処理量28万立方メートルの下水施設、大牟田市（福岡県）や荒尾市（熊本県）の上水道の運営契約を結んでいる。受注額があまりに安かった

ので入札に参加した日本企業からは「赤字覚悟の安値受注」という声も聞かれたが、将来を見据えた先行投資と考え、着実に実績を積み重ねていった。

　ヴェオリアは日本国内で実績のある企業を買収して事業拡大を図っているが、買収した会社名・事業内容をそのまま残すことで、外資を警戒する自治体ともうまくやっている。日本では「水道は官の事業」という意識が根強いが、それを承知のうえで、監督や予算管理などは自治体がそのまま行い、毎日の施設運転をヴェオリアが行うなど、役割分担はしっかりと残している。

　09年には千葉県手賀沼終末処理場の、施設に入る下水を処理して川に流すまでの業務を受注した。この入札で関係者を驚かせたのは、ヴェオリアが他の入札企業より高い入札額をつけたにもかかわらず落札したこと。価格で負けたのではなく、事業提案そのもので負けたことが日本企業には大きな衝撃となった。

　このとき、石原慎太郎東京都知事は「フランス企業にいい目をみさせない」という趣旨の発言をし、その裏に東京水道サービスの存在をほのめかしている。東京水道サービスはすでに埼玉県春日部市や群馬県高崎市、千葉県流山市から漏水防止の業務を受託している。行政管轄範囲を越えての業務受託は新しい動きであるが、不慣れな海外進出よりもこちらのほうが進展する可能性は高い。

3 海外水インフラPPP協議会

1 インフラ整備を官民連携で推進

　日本の水道インフラを海外へ輸出しようという動きが強まっている。

　政府は2010年6月に決めた「新成長戦略」で高速鉄道、水道、原発などのインフラ輸出を柱の1つに位置づけ、2020年度に19.7兆円を目指す目標を掲げた。ところが東日本大震災にともなう福島第1原発事故の影響で原発輸出はトーンダウンし、鉄道と水道に期待が集まる。2012年2月に開催された海外水インフラPPP協議会では、水の要素技術だけでなく、都市化の課題解決を視野においた提案もされた。

　国土交通、厚生労働、経済産業の3省が主催する海外水インフラPPP協議会（座長・小島順彦三菱商事会長）が、2月16日、第3回協議会を開いた。

　PPP（パブリック・プライベート・パートナーシップ）とは、行政主体の公共サービス・事業を見直し、行政と民間の連携により公共サービスを効率化する「官民連携」を指す。

　連携のしかたはさまざまだ。国内において、自治体と企業、市民団体、大学とが連携して公共サービス・事業を行うものから、政府と民間企業が連携して海外でインフラ事業を展開する場合もある。

　水ビジネスにおいて、日本は造水、水処理用膜などでは高い競争力をもつが、「本丸」とされる上下水

道の運営・管理などの総合的な事業ノウハウの確立は遅れていた。そこで自治体のほか、水処理設備の設計や調達、建設を担うエンジニアリング企業、事業推進のファンドなどを含めた体制づくりが必要と考えられた。

　経産省は、09年に「水ビジネス国際展開研究会」を発足。10年4月に「PPP政策タスクフォース報告書」を発表した。海外インフラ整備を官民連携で推進する方針をまとめた報告書で、頭打ちの国内需要の対策として、成長が続く、アジアなどの新興国のインフラ整備に日本の技術やノウハウを生かす、官民連携の包括的なビジネスモデルの構築を目指した。

　政府はトップセールスを推進し、水ビジネス、高速鉄道、原子力発電、都市開発の分野などで官民のコンソーシアム形成を支援する方針を打ち出した。

　その後2010年に、国交省や厚労省とともに「海外水インフラPPP協議会」をつくり、海外の水インフラプロジェクトにおいて、官民連携による取り組みを加速させてきた。

2　ビジネスマッチングの場で提案された水技術

　第3回海外水インフラPPP協議会の冒頭、吉田治国土交通副大臣は、「日本の水道水はどこでも安心して飲むことができる。水道水をボトルに詰めて売っている自治体もある」と水道水の品質の高さを強調。「これまで日本の水関連企業、上下水道を管理する地方公共団体は国内・地域市場での活動が中心だったが、海外の水インフラ需要に応える高品質と信頼性をもったサービスを提供できる体制が整った。社会インフラは基本的には国が整えていくものだが、日

本は官民協力体勢をつくり、海外諸国のインフラ整備に協力していく」と宣言した。

国別セミナーも開かれ、インド、ベトナムなど5カ国が自国の水ビジネスに対するニーズを紹介。それに続いて日本側から企業7社・団体が技術提案を行い、ビジネスマッチングの場となった。

ベトナムには神鋼環境ソリューションがプレゼンを行った。同社はベトナムで4件の実績をもつ。ベトナム現地法人が受注したサンスコ社（溶融亜鉛メッキ鋼板メーカー）の排水処理設備について、また、微生物の浄化能力を活用した土壌浄化について解説した。

インドネシアにはクボタが、現地設置型の排水処理システムである合併処理浄化槽を提案。南アフリカには日立が、水リサイクルシステムや浄水システムを提案。カタールには大成機工が耐震・免震継手、インドには日本水道協会がインド水道協会との交流を通じて実施している勉強会を紹介した。

3　都市問題対策の経験を日本の強みとして売る

水供給の要素技術の提案に加え、力点が置かれていたのが、日本が経験的に培ってきた都市問題を解決する技術である。日本は高度経済成長期に都市化がすすむ過程で起きた渇水対策、工業・農業・生活排水対策、また成熟期を向かえてからのインフラ維持管理など、さまざまな経験を積んでいる。こうした経験を日本の強みとして売り込むことができないかというわけだ。

たとえば汚染された水域の浄化。前述のとおり、北九州市では、高度経済成長期に工場廃水が流れ込

み「死の海」と呼ばれた洞海湾を、官民共同で対策を行ない、現在は水質改善され、魚介類も棲息するまでになった。

　また渇水対策としての再生水利用も進んでいる。日本の多くの都市は過去に渇水を経験している。福岡市では1978年に大規模な渇水被害が発生し、地域全体で再生水利用に取り組んできた。大規模な建物には上水道と再生水の2重配管を義務づけ、高度処理された再生水は商業地区でトイレ用水などに利用される。

　神戸市は、水の再生システムを人工島の都市開発に導入している。1995年、阪神淡路大震災が発生し、水供給、排水処理がストップ。この経験を踏まえ、災害発生時にも安定的なサービスを提供することを目的としている。

　途上国の大きな課題である無収水率を減少させる技術も紹介された。無収水率とは、生活用水が浄水場から各家庭に届くまで、どれだけ無駄になっているかを示す割合で、少ないほどよい。無収水の原因は、日本では配管が老朽化したために起きる漏水が主だが、途上国では水道管への不法接続、水道メーターの不正など盗水が大きな問題となっている。

　このため一定の区域ごとに水の流量を測り、無収水が多い区域を調査。漏水箇所を特定し管路を補修したり、使用水量メーターを改造し盗水行為を行っている利用者の絞り込みを行う。

　気候変動にともなう集中豪雨対策も紹介された。ここ数年、1時間当たり100ミリを超える豪雨が増えている。数分間で河川の流量が大幅に増え、10分程度で氾濫するケースもある。都市部には豪雨をため

る調整施設が設けられている。集中豪雨のときは水路を流れる水の量の変動が大きいので、雨量を把握し、水路の流量を計算するシステムが重要になる。変動するポンプ排水の必要量を計算することにより適確な排水が可能になる。

　国土の狭い日本では、大量に排出される下水汚泥の活用も課題であった。これまで下水汚泥は埋め立てられてきたが、各自治体とも処分場が満杯になるという深刻な問題をかかえている。下水処理後に排出される汚泥は、年間230万トン程度。これまでもレンガやブロックなど建築資材として再利用する動きがあったものの、コストが高く、需要も少ないため、最終的には廃棄処分されるケースも多々あった。

　国土交通省は下水汚泥のエネルギー利用を地球温暖化対策の一環と位置付け、民間活力を導入した地球温暖化対策下水道事業制度を08年にスタートさせた。下水汚泥の処理費用と温室効果ガスの両方を削減できる手法として、燃料化技術の導入を図る自治体も増え、神戸市では下水汚泥から開発したバイオガスで市バスを動かしている。国交省は11年度から汚泥からバイオマスガスを抽出するプラントの開発に乗り出している。11億円を投じて試験プラントを建設し、ガス化の効率を追求する計画だ。

　途上国では下水道の普及に伴い、汚泥発生量が増えている。汚泥処理と温暖化対策を同時に実現できるプラントは海外でも需要を見込めると考えられている。

　また、下水汚泥からリンを回収し、肥料として活用する。下水処理施設などから出る汚泥には、肥料の原料となるリンが含まれる。50年後、土壌のリン

は枯渇すると言われている。リンの主要原産国の米国では1997年以降、輸出を実質的に禁止するほどだ。下水汚泥だけで日本が輸入するリン鉱石の1〜2割に相当する量が含まれる。

4　老朽管を管理・再生する技術

　都市が成長過程を経て成熟期を迎えると、まったく違った課題に直面する。

　現在多くの自治体は水道管の延命化に取り組んでいる。財政事情から正規の耐用年数で更新できないため、水道管の内部に保護膜を張るなどして鉄さびの進行を抑え、20〜30年長持ちさせる。

　注目されているのが、ライフサイクルコストを考慮した効率的な資産管理方法のひとつであるアセットマネジメントだ。アセットマネジメントは、不動産などの資産について、最適な時期、規模による投資を行うことによりその価値を高め、利益の最大化を図ることを目的とする手法。

　このような発想から、老朽管を管理・再生する技術に注目が集まっている。たとえば、音波やロボットを使用した点検やSPR工法による管路再生である。

　SPR工法は、下水道や農業用水、工業用・排水など、老朽化した様々な管路を非開削で再生する。老朽化した既設管の内側に、硬質塩化ビニール製のプロファイルによる管路を形成し、その隙間に裏込め材を注入。既設管・裏込め材・プロファイルが一体化した強固な複合管を構築し、管路の機能を再生する。どんな形状の断面でも非開削で、かつ水を流しながら施工できるため、交通や市民生活に対する影響が少なく、また、工期・工事費とも開削工法と比

べ大幅に削減できる。

5　日本は反省をふまえた技術協力を

　水道インフラの輸出は、国際貢献だと言われているが、別の見方もできる。

　水道が整備されると都市化が急速に進む。都市は資源を大量に消費するため地球環境に大きなダメージを与える。2012年にリオで開催された地球サミットでは、膨張しつづける都市をいかに抑制するかが大きな課題とされた。だから単純に水道インフラを輸出すると、国際貢献ではなく、問題の輸出になるという見方もできる。

　水道技術にもさまざまな変遷があり、現在は20世紀型のしくみを世界中に広げようとするケースが多い。しかし、20世紀型のしくみは、高エネルギー、高コストで自然環境に与えるインパクトが大きい。成長を前程としたしくみであることも問題だ。高コストなので都市が規模・経済の両面で成長しているときはよいが、成熟期を迎え、人口が減少し経済が伸び悩むと支えるのが難しくなる。日本が海外に水インフラを売ろうとしているのは、国内でインフラコストをささえる十分な収益があげられないためである。このしくみを海外に売れば、近い将来そこで同じ課題が生まれるだろう。

　長期スパンで都市はどうあるべきかを考え、それにあった新しいのしくみが必要だろう。現在の人類の大きな課題は、増えすぎた人口をいかに落ち着かせるか、広がり過ぎた人間の生活区域をいかに折り畳んでいくかということ。20世紀型の水道技術・経営は、人口増・生活区域拡大という課題への答えと

して導きだされたものだ。今後は課題が転換するのだから、そうしたなかで生活インフラはどういうものがよいのかを模索する必要がある。日本は自身の反省を踏まえ、相手国の将来までを考えた技術を提供すべきだろう。

4 開発途上国にフィットした技術をBOPビジネスで展開する新潮流

1 水エキスポで注目された安全・安価な浄水技術

　水処理や水技術の関係者が一堂に会する世界的なイベント「シンガポール国際水週間・水エキスポ」は08年に始まった。世界各国・地域のリーダーや研究者、水関連企業のトップなどが集まる会議のほか、水関連技術の展示、日本、アメリカ、オーストラリア、インド、中国など各国の水への取り組みについて話し合われるビジネスフォーラムなど多数の催し

鍋屋上野浄水場

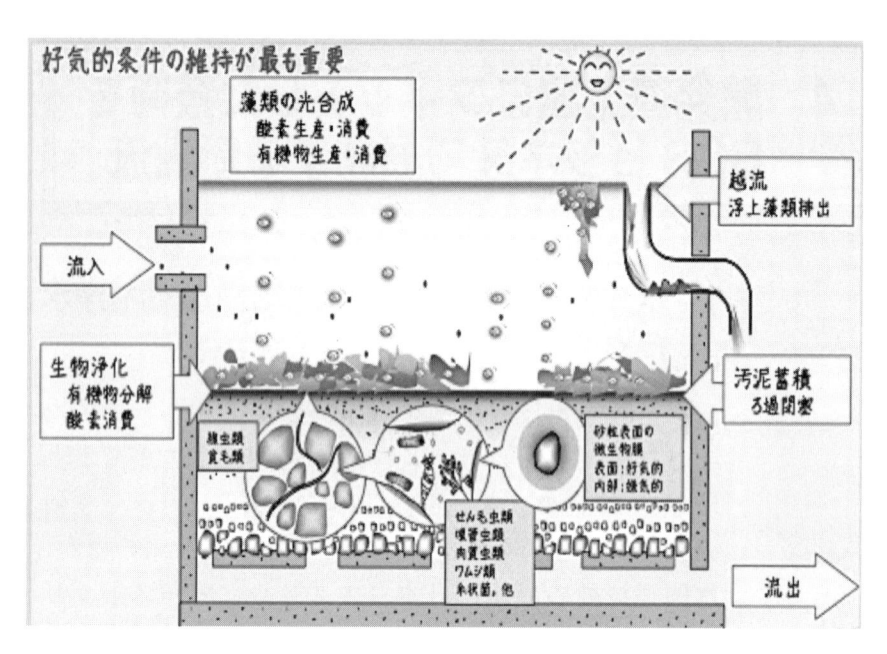

生物浄化法（緩速ろ過）のしくみ（中本信忠信州大学名誉教授作成）

があり、「水」に携わる人にとってグローバルな情報交換・商談の場として規模を拡大しつつある。

　2010年、パネル展示だけにもかかわらず多くの人に注目されたブースがあった。豊田通商と名古屋市上下水道局が中心となって出展した「水といのちとものづくり中部フォーラム」のそれである。同フォーラムは09年6月に設立。中部地方の産学官が連携し、水技術や水に応用可能な技術を組み合わせ、パッケージ化して世界に発信することを目的としている。

　水エキスポで展示されたのは名古屋市上下水道局・鍋屋上野浄水場で採用されている生物浄化法（緩速ろ過）である。この技術が初めて水道に導入されたのは1829年、ロンドンのチェルシー浄水場とさ

れている。水源であったテムズ川は工場排水が流れ込み、悪臭の酷いどぶ川だったが、生物浄化法（緩速ろ過）によって処理された水は臭気も細菌も除去され、安全な水として供給された。ロンドンでコレラが発生したときも、生物浄化法（緩速ろ過）で処理された水を飲んでいた人は感染しなかったため、その噂が広がり各地に普及していった。

　鍋屋上野浄水場には大正3（1914）年に導入され、いまでも日量14万トンの水を供給している。浄水場の砂ろ過層にいる生物群集によって水のなかの細菌、病原性微生物、有機物、臭気物質などを分解・除去する方法で、凝集剤などの薬品は使わない。また電力も基本的には必要としないため、現在一般的に普及している急速ろ過の浄水場よりも維持管理費用が安い。多くの企業や団体が最新技術を披露するなか、フィリピン、ベトナム、スリランカなど開発途上国の関係者の目にとまったのは、ローコストのローテクだった。

　これまで開発途上国でも最新技術の導入が好まれる傾向にあった。市民はいつも最新技術の導入を望んでいる。最新技術の導入は現地の政治家にとってわかりやすいPRになる。だが先進国並みの立派な水関連施設を建設したものの、壊れた場合に部品調達できないし、高度な技術に対応できる技術者が不足している。維持管理費用が高くてまかなえないなどの理由で、停止と同時に放置されるケースも多かった。

　水ビジネスと一口に言っても、求められる商品やサービスは相手によって異なる。先進国に導入される高付加価値の商品やサービスが開発途上国では活

生物浄化法（緩速ろ過）技術の研修を受ける諸外国の人々

かされないケースもある。
　世界の半分以上の人たちは水道をもたない。水道がなくても安全な井戸水や雨水にアクセスできればよい。しかし、井戸や雨水など安全な水源にアクセスできない人は11億人。そのうち6億人がアジア、3億人がアフリカに住む。貧困層といわれる彼らは飲み水がなく、地下からくみ上げた泥水など飲んでいる。安全な水が得られずに命を落としている人々に必要なのは、ローテクと呼ばれようとも、安全な水を安価で供給でき、メンテナンスの容易なしくみである。

2　スリランカのウォーターボードとの契約

　その点、「水といのちとものづくり中部フォーラム」のパネルは開発途上国のニーズにマッチしたものだった。開期中、中央政府、地方政府、企業など多くの関係者との面談が行われたが、とりわけ強い関心を示したのがスリランカのウォーターボード（水を管理する省庁）だった。スリランカの上水道の普及率は30％。それも首都コロンボが中心で地方は未整備の場所がほとんどだ。

　名古屋市上下水道局はそれまで開発途上国との人材交流を活発に行っており、スリランカとも交流実績があったため話はスムーズに進み、調査協力に関する覚書が交された。

　スリランカ側は、安全・安価に水が供給できる技術に注目したわけだが、日本側は、政権が比較的安定していること、日本の他の自治体がスリランカにはまだ入っていないこと、互いに島国で国際河川をもたないため水利用の感覚が近いことの3つを上げている。

　前述のとおり、国境をまたぐ国際河川は世界に約260、国土内に国際河川の流れる国は約140か国あり、水紛争の発生しやすい場所とされている。

　たとえば、中央アジアでは淡水の多くをシルダリヤ川とアムダリヤ川に頼る。2つの川の上流に位置するタジキスタンとキルギスは水を自由に使えるが、下流のカザフスタン、ウズベキスタン、トルクメニスタンはその影響を受ける。シルダリヤ川上流に位置するキルギスは、冬場の水力発電に備えて夏場に水を蓄え、冬になると一気にダムから放出する。そ

のためカザフスタンは夏に水が不足し、冬に洪水に見舞われたことがあり、両国間に緊張が走ったことがある。

日本は国際河川をもたないため、こうした事情に疎いが、水ビジネスを行う場合には重要な要素となる。国際河川をもたないスリランカでの事業であればリスクを減らせる可能性はある。

3 ビジネス原理を利用し途上国の課題を達成する手法

「水といのちとものづくり中部フォーラム」の事業は、国際協力機構（JICA）のBOP（開発途上地域における低所得者層）ビジネスの実現に向け民間企業を支援する「協力準備調査（BOPビジネス連携促進）」に採択されている。BOPビジネスとは、企業のビジネス原理を利用し、開発途上国の課題を達成する手法として注目されているものだ。

昨今ではODA（政府開発援助）の削減の影響もあり、途上国での日本の存在感は薄れつつある。そこで政府はBOPビジネスを通じて、ODAとは異なる新たな国際貢献と、中小企業も含めた海外市場の開拓を進めたい考えだ。そうしたなかJICAは事業について提案を公募し、採択した法人に対して5000万円を上限に調査費を援助。124法人が92件を提案（対象地域は、東南アジアが42％、南アジア30％、アフリカ20％）し、20件が採択された。

このうち水ビジネス関連が5件あるが、同じく生物浄化法（緩速ろ過）技術を用いているのがヤマハ発動機だ。同社は関連プロジェクトを90年代にインドネシアでスタートさせており、その実績をもとに

インドネシアに設置されたヤマハ発動機のプラント

セネガルの調査をスタートさせた。

　インドネシアの水道普及率は都市部で40％程度。地方では井戸や表流水を利用する生活が当たり前だ。インドネシアの川は濁度が高い。汚れの原因は、砂、泥、家畜のし尿など。川岸近くに豚小屋、牛小屋があり、川で家畜に水浴びさせる。そのすぐ川下では岸辺から川岸へと伸びる木製の台のうえで、米や野菜を洗い、体を洗う。

　ヤマハ発動機は、インドネシアの地方の状況や、さまざまな水供給システムを研究した結果、貧しい村落に最適なシステムとして緩速ろ過の研究をスタート。02年には移動可能で設置もしやすいコンテナタイプの緩速ろ過プラントを開発した。その後、試

験稼働しながら、前処理に粗ろ過を導入するなどさまざまな改良を加え、メコン川の水でも透明度の高い水になり（実証では濁度174が1に、色度1370が18になった）、安全な水を供給できるプラントができている。プラントの導入された病院では、飲用、料理用のほか、手術道具の洗浄、新生児の産湯、患者のシャワー用などにつかわれている。

4　果たしてBOPは儲かるか

　BOPとは「ピラミッドの底辺」を意味し、貧困などの課題を抱える低所得者層を指している。現在の世界人口70億人のうち、開発途上国で暮らしている人が52億人、1日2ドル以下で暮らしている人が26億人、安全な水を得られない人が11億人、5歳まで生きられない子供達が5億人いる。こうした貧困層の人々を経済活動に参加できるようにすることで、雇用機会の拡大や医療・教育サービスの向上など、開発に関する課題の解決を目指しているのがBOPビジネスであり、その市場規模は日本の実質国内総生産に匹敵する約5兆ドルにも上る。

　BOPビジネスで有名なのが仏ダノンの例だろう。NGO、学校、栄養専門家、国際機関などと緊密に協力しながら、インド、バングラデシュ、中国、アフリカなど10ヵ国で展開。バングラデシュでは、栄養を強化した50〜80グラムのヨーグルトを数セントで販売し、販売先はシャクティ・レディーと呼ばれる女性たちが開拓。雇用機会の創出で女性の可処分所得が引き上げられている。また、現地の雇用を増やせるように、自動化の工程を抑える工場ラインを実現。さらにバングラデシュのナツメヤシの利用など

で原材料の現地調達にも取り組んだ。リエンジニアリングを追求し、現地で健康増進につながる食品を安価に提供し、同時に所得・雇用環境の改善に役立つビジネス活動を展開している。

　日本でもCSR（企業の社会的責任）活動として、BOPビジネスに取り組む動きが始まっている。10年に東京都内で開かれた国際NGO（非政府組織）ケア・インターナショナル・ジャパンとCSRコンサルティングのイースクエアとの共催による「戦略的フィランソロピー・フォーラム」には多数の企業関係者が訪れた。そこでイースクエアのピーター・D・ピーダーセン社長は、短期的利益を追求する米国的経営に警鐘を鳴らす一方、企業は中長期的な社会利益を考えることは苦手として、NGOや政府機関と「戦略的なパートナーシップによる協働」を進めることで、事業として利益も生む持続可能なビジネスモデルを構築してこそ安定した市場や供給を作り出せる、とした。

　BOP層向け商品の価格は安く、企業にとっては利幅が薄い。軌道に乗った後も、ビジネスと社会貢献のバランスをいかに取るかに苦労するケースは多い。BOPビジネスで得られた利益は、その地域に再投資すべきという考え方が定着しつつあり、本国の配当に利益を回すことを嫌う。他方、利益が出ないと持続できないのも事実であり、二の足を踏む企業は多い。

5　水提供ではなくまちづくり支援

　「水といのちとものづくり中部フォーラム」は「利の多い商売ではないと認識しているが、事業継続の

ためには少額でも利益はあげなければならない」としながらも「かつて水ビジネスで利益が上がらないから即座に撤退というケースがあったが、そのようなやり方は考えられない」とする。「むしろ水インフラを供給することで、まちの発展を長期間にわたってサポートしていくような動きになるのではないか。浄水場を建設して終わりというわけではなく、その後も現地との交流は長く続くだろう」

つまり浄水場を提供することは入り口に過ぎず、まちづくりを支援するという長期的な視点に立っているのだろう。その過程でほかの商品やサービスを提供する機会もありそうだ。

6　安価な製品を提供してもペイできる

輝水工業社長兼ＣＥＯの森一氏が推進する「命の水プロジェクトチームアジア」もBOPビジネスの1つだ。森氏は「今後の日本を元気にするキーワードはBOPビジネスとRI」と語る。

RI（リバースイノベーション）とは、先進国で開発された技術や製品が世界標準となり世界に普及するというこれまでの流れとは反対に、新興国で新興国向けに新興国の工場で開発されたローコストの製品がグローバルに展開され、先進国の市場にも上陸することを意味する。ＧＥは医療分野においてRIを行っている。たとえばインドの農村向けに開発された携帯型心電計や、中国の農村部向けに開発された超音波診断装置があり、価格はそれぞれ1千ドル、1万5千ドルと先進国用に比べ安価、それが現在米国でも販売されている。森氏はこの考え方を水ビジネスにも活かす考えだ。

同プロジェクトの構想では、ローテクを主体とした日本の伝統技術で簡易な水処理装置を現地で製造。水源に地下水と雨水のどちらを選ぶかは地域ごとに異なるため、マーケティング調査により地域の実情とニーズに合った装置やシステムを作る。そして、現地企業を立ち上げ、装置のメンテナンスを含めすべて自力でマネジメントできるよう現地の人達を育成することにより、ビジネスの持続可能性と雇用の創出に貢献していく。
　「日本には水ビジネスで素晴らしい技術を持った中小企業がたくさんある。中小企業を中心とした官民の連携を図り、現地のニーズに合った浄水システムや浄化槽など簡易処理装置を広く普及させていきたい。アジアには水ビジネスのニーズが数多くあり、安価な製品やサービスを提供しても十分にペイできる」（森氏）
　浄水技術以外にも、調査分析やコンサルタント、教育、ファイナンスなどの企業によるプロジェクトチームを形成し、日本国内で関連製品や技術を持っている中小企業が参加できるようプラットフォーム化とノウハウの提供も行っていく予定だ。

5 雨水を活用し洪水対策、水資源確保を図る

1 雨水は蒸留水に近い

　地表の水は蒸発して大気中の水蒸気となり、やがて雨や雪となって陸地に降りそそぎ、川や地下水として生物や植物を潤し、またふたたび海へ戻る。あらためて水の循環を考えると、雨がとても大きな役割を果たしている。私たちが飲み水として利用している川の水や地下水も、もとをたどれば雨水である。

　日本の年間平均降水量は約1,690mmで、世界の年間平均降水量約810mmの2倍である。しかしながら、日本列島は山地が多く、山に降った雨は平均すると2日間のうちに海へと流れる。雨が降るのは梅雨や台風の時期に集中する。水資源賦存量（人が使える水の量。降水量から蒸発散量をひき、その地域の面積をかけて求める）のうち、大部分は利用されないまま海に流れる。

　しかし、雨水を活用しようという動きが本格化したのは最近のことだ。それまでは、むしろ洪水をもたらすやっかいものと考えられていた。下水道法では「下水とは、汚水又は雨水」とされ、降った雨は下水道を通じて排除すべきものと考えられている。この考え方では、雨量が増えたら大きな下水道施設をつくる、地下に巨大な水路や水をためる空間を築こうという方向に力を注がれてきた。

　だが、雨水は汚水ではない。水質は蒸留水に近い。

水質汚染の指標の1つである電気伝導度というものがある。どの程度電気が流れたかを調べると、どれくらい汚れているかがおおまかにわかる。降り始めて30分以上たった雨水の電気伝導度は水道水の数分の1。糞尿由来の病原菌に伝染される機会ははるかに低い。ドイツでは雨水を洗濯にも利用しているくらいだ。

公明党の雨水利用及び雨水貯留浸透施設の推進に関するプロジェクトチームの加藤修一座長（参院議員）らは2011年11月、雨水利用促進法案を参院に提出した。

この法案は、近年の気候変動による都市部での集中豪雨が問題になっている中、下水道や河川などへの雨水の集中的な流出を抑え、水資源の有効な利用をめざすもの。国の責務を定め、雨水活用施設の設置目標の設定などを盛り込んでいる。

2　雨水は生活用水に利用できる

東京は、水源のほとんどを150キロも離れた上流のダムに頼っている。これまで大都市の水行政は、水が足りなくなったら上流にダムをつくればいいという考えだった。ダム開発は自然にダメージを与えるし、そこに暮らす人の生活を変え、文化も奪ってしまううえ、膨大なエネルギーと費用がかかる。

しかし、発想を変えれば水源は頭上にある。東京の水道使用量は年間20億トン。一方、東京に降る雨は年間25億トン。しかも東京の水道の原水は、ほとんどを利根川、荒川、多摩川などの河川水に依存しているが、雨水のほうがはるかにきれいである。

実際、雨水活用先進地の東京都墨田区では、個人

住宅のなかに雨水をためるタンクが設置されている。屋根や駐車場に降った雨水をといから導き、タンクにためる。市販の雨水活用タンクを備え付けている人もいれば、ホームセンターなどで売っている大きめのかめやごみ容器を利用している人もいる。

なかには自宅の駐車場の地下に、巨大な貯水槽をつくっている人もいる。1トン以上の水が貯蔵でき、生活用水のほとんどをまかなっている。

3　雨水貯留で洪水防止を図る

ここ数年、雨水活用への注目度が高まってきたのは、突発的なゲリラ豪雨、それにともなう都市型洪水対策という側面がある。雨水をタンクに溜めたり、大地に浸透させれば、下水道に雨水が集中するのを緩和でき洪水防止につながる。1つの住宅やビルで溜められる雨水はわずかでも、それが地域、流域全体にひろがれば、大きなダムと同様の効果を発揮する。

こうすることで治水ダムや堤防に頼らない河川政策ができるようになる。

これまでの治水対策は河川区域にだけに着目して行われてきた。簡単に言えば、水をコンクリートで制圧しようとしてきた。明治時代半ば以降、連続堤防で川を直線化し、洪水をできるだけ早く海に流すという治水事業によって、洪水流量がかえって増え、さらに大規模な治水計画を立てるという「いたちごっこ」を繰り返すはめになった。この考え方で「より安全な暮らし」を追求しようとすると、限りなく堤防を高くし、ダムを造り、山河を破壊し続けなければならない。

そこで河川だけではなく、流域全体に視野を広げ

た治水対策が必要になっている。川を制圧しようとするのではなく、増水の原因となる雨をため置いたり、地下に浸透させる。具体的には、流域内の施設を利用して雨水貯留施設を整備したり、個人住宅で雨水タンク、浸透マスなどを設置。各家庭でタンクに雨水をためれば、無数のミニダムを都市におくことができる。かりに東京都内のすべての1戸建て住宅の屋根に降った雨を貯めたとすると、年間1億3000万トンの水が確保でき、これは利根川水系の八木沢ダムが東京都に供給している水量を上回る。

　雨水は生活用水以外にエネルギー利用もできる。武蔵小金井市に2011年、「雨デモ風デモハウス」がオープンした。これは、市民と行政・大学の共同プロジェクトで、雨水の循環、風の気化熱、太陽熱などの自然エネルギーを冷暖房に利用する。夏の雨水は床下の貯水タンクに貯められ、天井裏で水を浸みこませたグラスファイバーから水分を蒸発させ、その気化熱で天井を冷やしながら壁や床を快適温度にする。また冬には、貯水タンクに貯めた雨水を太陽熱で温めて、壁と床を快適温度に保つ。

　雨水活用がすすむことによって、枯渇が心配される河川水、地下水の利用を削減することもできる。企業の生産活動においても、こうした取り組みが求められるようになるだろう。

4　被災地での雨水活用支援

　2012年2月、日本水フォーラムは、宮城県仙台市内及び名取市内の仮設住宅において、雨水活用の支援を行った。多くの仮設住宅は室外に蛇口が設置されていない。屋外で水を利用するときは、室内から

仮設住宅に設置された雨水活用タンク

バケツで水を汲んで運ばなければならない。屋外ではプランターなどで花や野菜を育てながら、無機質な仮設住宅をできるだけ彩りある日常に近づけようと、住民は前向きに努力している。

　しかし、そのために必要な水道の料金は、住民自らが負担する。これを軽減するため、身近な水源である雨水を手軽に活用できるよう雨水タンクの設置や雨どいへの取水口の取り付けが行われた。集められた雨水はプランターへの水遣りや外回りの掃除、夏季には、暑さ対策としての打ち水、水遣り、緊急時の水源として活用される。

5　雨水活用都市に必要な大型貯留槽

　まとめると雨水活用には大きく3つの役割がある。
　第1に都市型洪水の防止。タンクなどに一定量の雨水を貯留し、雨水の流出速度を抑制する。第2に身近な水源。第3に災害時のライフポイントだ。
　災害でラインが寸断されれば都市機能は完全に麻痺する。東日本大震災では寸断された水道が復旧するまでに長い時間を要した。そのため1点集中の大規模水源から分散した小規模水源へという発想の転換が進む。
　役割を十分に果たすには、個人宅や街角での小規模貯留ではなく、公共施設の地下などに、大規模の雨水タンクを設置できれば、本格的な災害時の水源となる。
　トーテツ（本社・東京都品川区）は、雨水を資源化する「ユニバーサル（UN）地下貯留システム」を開発した。貯留材と呼ばれるプラスチック製の部材を上下左右に積み上げて立体をつくり、全体をシートで包む。貯留材の組み合わせ次第で大きさは自在に。かつてはコンクリートや鉄だった素材が、プラスチックに変わったことで、ブロックのように組み合わせ可能になり、簡単に大型施設ができるようになった。
　2000年に施工された個人住宅向け貯留槽は3トンだったが、2007年以降は規模が大きくなり、宮城県塩釜市のショッピングセンターは1018トン、茨城県土浦市のショッピングセンターでは500トンの貯留槽が地下に埋設された。そのほか学校や保育園等のグラウンドの下、公園の地下、ショッピングセンター

▼公園の地下

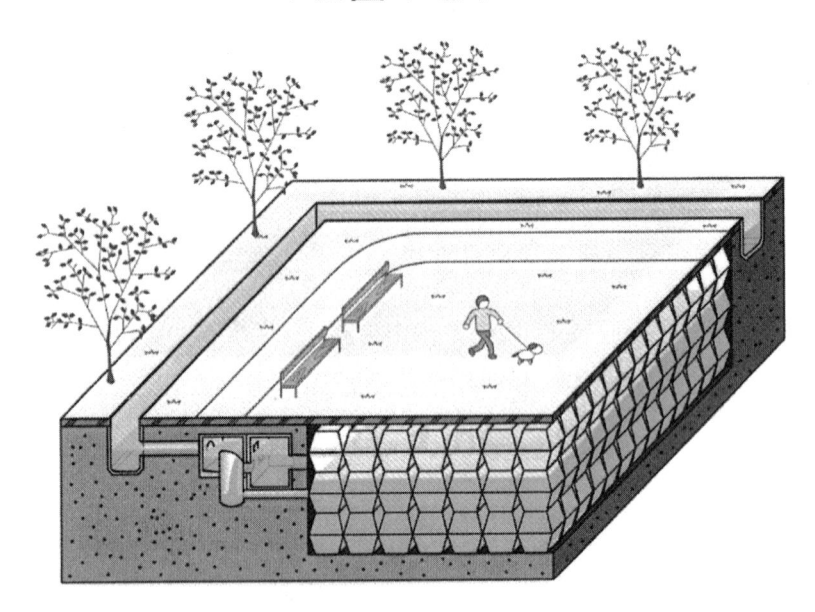

▼学校のグランド下

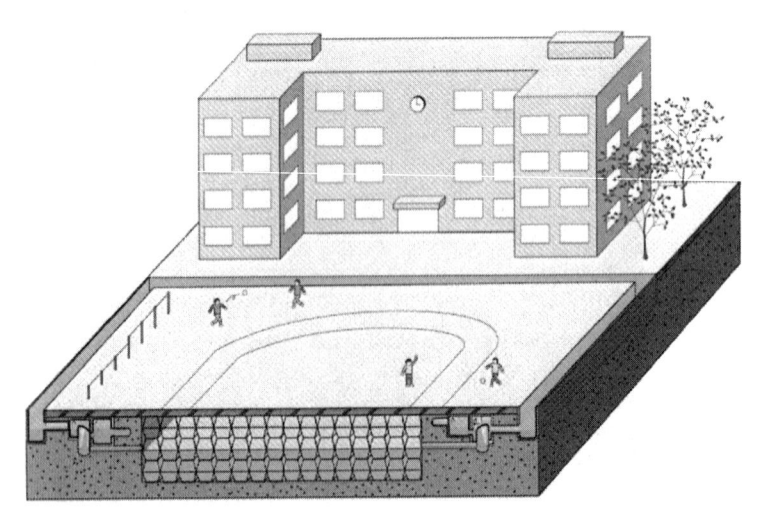

地下貯留槽埋設イメージ

●水は誰のものか―水循環をとりまく自治体の課題―

の駐車場の下、マンションや一般家庭の庭・駐車場の下等に設置されている。

　貯留した雨水は生活用水として活用。雨水はそもそも土壌の影響を受けていないので蒸留水に近い。

　ただし、降下途中で空気中の塵埃や汚染物質、降下後に有機物が混入する可能性がある。これらをいかにゼロに近づけるかが、地下貯水槽の課題だった。塵埃や汚染物質の大部分が降りはじめの雨と一緒に降下することがわかっている。

　そこで初期雨水は貯留せず、それ以降の雨は桝に送られろ過される。3つの桝（流入桝、土砂溜桝、下部管理桝）を経るうちに、塵埃や大気汚染物質は95％以上除去され、さらに下部管理桝に不織布フィルターを内蔵すれば、流入土砂・塵埃の99.6％を除去し、きれいな雨水を貯留槽に導くことができる。

6　海外で本格化する雨水活用

　日本では都市型洪水の防止、災害時のライフポイントとして注目される雨水活用だが、海外では、身近な水源としての期待が高まる。

　オーストラリア・クイーンズランド州では、住宅地に雨水をためる貯留タンクを設置し、膜ろ過・紫外線消毒し、飲料水として供給している。生活排水も膜でろ過をしたうえで、トイレの洗浄水として利用している。

　プラント建設はJFEエンジニアリングで、野村総合研究所が採算性の検討や現地との折衝を担い、川崎市水道局が水の安定供給や料金徴収のノウハウを提供し、雨水や生活排水を生活用水として再利用するプラントの運営を支える。

施行中の地下貯水槽

　東京都墨田区を拠点とする「雨水市民の会」が、力を入れているのがバングラディシュに貯水タンクを設置する「スカイウオータープロジェクト」。バングラディシュの地下にはヒ素を含む地層があり、井戸水から健康被害が広がり、死亡する人も少なくない。
　しかし水道が整備されていないうえ、川や池の水が汚染されているため、わかっていても地下水を使わざるを得ない。そこで、バングラディシュの人々の生命を救うために、雨水活用の普及に取り組んでいる。
　世界の最貧国といわれるこの国では、材料は現地で調達できるもので、しかも安くなくてはならない。

そこでバングラディシュでトイレをつくる際に使われるコンクリートリングを使用しリングタンクを開発。事業を持続可能にするために、マイクロクレジットシステムを取り入れている。このシステムを側面から支援するため、地元NGOと組んでハンディクラフト製品の制作を依頼し、それを日本で販売。得たお金をマイクロクレジットの利子補給に活用するという好循環を築こうともしている。さらに近い将

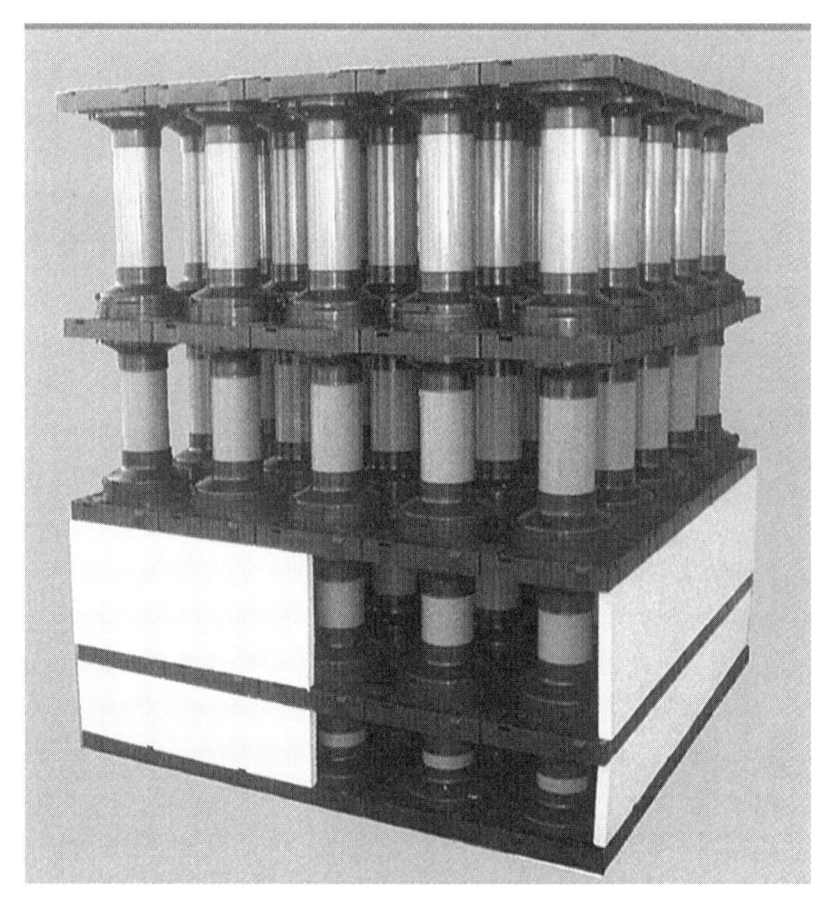

プラスチック製の貯留材

来には、バングラディシュに雨水活用の地域モデルとなる「雨水村」も作る予定だ。

洪水対策はより身近な課題だ。2011年のタイを中心としたインドシナの大洪水は、50年に1度の規模だといわれた。

日本企業の工場にも被害が出たため国内でも大きく報道された。だが甚大な被害をもたらした水害はインドシナだけではない。米東海岸のハリケーン被害や南米ブラジルでの集中豪雨、欧州西部やアフリカ・チュニジア、オーストラリアでの降水量増大など、各地で異常気象が多発している。非常に激しい雨が増え、農業など多方面に影響を及ぼしている。アマゾン川河口でも最近は雨期が早まり、雨の激しさが増している。アマゾン川の水位が早く上がるようになり、畑を使える期間が短くなった。作物が成長する十分な時間はなく、畑が水没する冬には耐水性コンテナに苗を移して水面に浮かべ育てるほどだ。IPCC（気候変動に関する政府間パネル）は、この異常気象と地球温暖化の関連性を明確にする特別報告書を発表している。世界的に猛暑が増え、大雨も多い。温暖化は人々の日常生活や経済活動に直接影響を及ぼし始めている。50年に1度の規模の雨が頻繁に降る可能性もある。

前述のトーテツには海外からの引き合いも多い。同社社長高井征一郎氏は語る。

「発展途上国の人と話すと旧来のコンクリート製地下貯水槽との価格差が論点になる。たとえば中国では貯水量100〜200トン程度のコンクリート貯水槽は、1トン当たり15000円で建設可能。日本で同様のものをセル型構造地下貯水槽で築造すると、3万5000円

〜5万円程度の費用がかかる」

　日本と諸外国では、建設労務費等の人件費に大きな差があるうえ資材価格についても開きがあるためだ。ただし、今後はプラスチック製が世界の主流になる可能性が高いと見る。

　「技術移転し現地生産することで大幅なコストダウンが可能だ。コンクリート製は規模が大きくなるとコストが増大する。1000トンを超える大規模なものでは価格が逆転する」

　ほかにもプラスチック製貯留槽にはメリットがある。コンクリート製に比べて工期が短く、設置場所の条件に応じてさまざまな築造が可能、土地利用の変更にともなって移設が必要になっても、大部分の資材がそのまま再利用できる。プラスチック工場から出るパイプの端材、再生塩ビパイプ、都市再開発などにともなって発生する廃パイプも利用できる。

　身近な水源を確保できた都市だけが持続可能性があると言われるなか、雨水活用は今後その存在感を増すだろう。

6　地下水の利用と保全で悩む地方自治体

1　自前の水源を確保する動き

　東日本大震災以降、地下水が注目されている。被災地では飲用・生活用水利用が進み、企業は自己水源として地下水を確保し、飲料メーカーはペットボトル水を増産している。

　その一方、水源地買収や過剰取水を懸念する自治体は保全をねらった条例整備をはじめた。2011年3月までは実効性のない条例が多かったが、ニセコ町や忍野村に代表される罰則規定を含む条例も相次いでいる。しかし、自治体には水資源で収益を上げたい気持ちもあり利用と保全で揺れている。

　震災後に掘られた井戸は2012年3月までに約20,000本にのぼる。沿岸部が壊滅的な打撃を受けた地域では、避難した高台でさかんに井戸が掘られた。被災者が生活に必要な水を得るためだ。

　津波に遭った水道水源は、塩分の影響で水質がもとに戻るのに時間がかかるが、地下50メートルより深い位置にある地下水は影響が少ない。

　避難した高台に水道が敷設されていないケースも多いが、新規敷設は300万円程度かかる。一方、井戸掘りを掘削業者に頼むと、地質、場所、使用機械などで異なるが1メートル1〜2万円程度で井戸が掘れる。

　地表が放射性物質に汚染された地域でも、放射性

物質は地表数センチのところに止まっているため、深いところにある地下水は影響を受けにくい。地下水が直接汚染されない限り、表流水より安全だ。

地下水を汲み上げ、高性能の膜で濾過するビジネスへの問い合わせも増えている。供給業者は100メートル超の深井戸を掘り、地下水を汲み上げ、濾過した水を利用者へ供給する。設備投資は供給業者が負担し、利用者は使ったぶんの料金を支払う。

地下水を利用するとコスト削減になる。現在の上水道システムは、大量消費者ほど割高な料金になるしくみ。水を大量に使用する企業、ホテル、病院には、水にかかるコストを減らしたいというニーズが常にあった。かつて地下水利用は農工業用や空調利用など、飲用以外に限られていたが、濾過膜が進歩し飲用できるようになった。

震災後にこのビジネスが再注目されたのは、災害時に水を確保できたから。導入していた病院やホテルでは、周辺地域が断水したなか、地下水利用で平時同様に稼働した。防災意識の高まりが地下水利用に拍車をかけた。

2　水源買収や過剰くみあげの危険性

震災直後、ペットボトル水がスーパーやコンビニの棚から姿を消したのは記憶に新しい。3月下旬に浄水場から放射性物質が検出され、乳児の水道水摂取を控えるよう呼び掛けられた。すると、それまでも被災地に重点的に配送されて品薄だったペットボトル水が完全に消えた。1か月ほど経つと棚にペットボトル水が戻ってきたが、その後も国産製品は高需要が続いた。

農水省の増産指導もあり、大手飲料メーカー各社の震災後2カ月の出荷数量は、平均して前年同期比3割以上の伸びを記録。南アルプスのふもと、山梨県北杜市白州町には大手メーカーの工場が並ぶが、節電で薄暗い工場のなかにベルトコンベアーの音が響き、そのうえを2リットルのペットボトルが絶え間なく流れていく。現場は休日返上、24時間態勢で稼働していた。

　その一方で気になるのは過剰取水だ。白州町は日本有数の水どころで、食品飲料メーカー11社が取水する。近年、周辺住民の井戸水が汚濁・枯渇する問題が発生し、企業の水利用の影響ではないかと懸念されている。住民に不安が広がるのは企業との情報共有・対話が十分に行われていないためだ。水源の位置、取水量は企業にとって重要機密であるため公開されることは少ない。

　また、外国資本による水源地買収も地下水保全意識の高まりに拍車をかけている。北海道の羊蹄山はシルエットの美しさから「えぞ富士」と呼ばれる。浸透性が高いため降水のほとんどが地下に染み込む。その水は、数十年の歳月をかけて地中から養分を吸収し、ミネラルをほどよく含んだまろやかな湧き水になる。ある地主がここの数ヘクタールの土地を手放すことになり不動産業者に仲介を依頼した。現れた買い手は中国人だった。山主は外国人に土地を売ることが怖くなり取引を止めた。富士山中腹の地主にも不動産会社から買い取りの話があった。父親が亡くなり林地を相続したが、当人は都内で会社勤め。林業に興味はなく、保持していれば固定資産税がかかる。不動産会社に相談したところ、買い手として

現れたのが中国系企業の社長だった。こうした話は同じく水どころの鳥取県の大山地域、富士山周辺などにもある。

　北海道が2011年5月にまとめた調査では、道内の森林43カ所、約920ヘクタールを外国資本が取得していることが判明、香港など中国マネーによる買収が目立った。山形県でもシンガポール在住の外国人男性が、最上川源流の私有林約10ヘクタールを購入した。

3　公水論と私水論

　土地の取得と水にどんな関係があるか。それは地下水を公水ととらえるか、私水ととらえるかで変わる。イギリスやアメリカでは地下水は私水。イギリスでは地下水の権利は地権者にあるとされ、土地所有者＝地下水所有者ということになる。アメリカも基本的には同じだが細部は州ごとに異なる。たとえばテキサス州では地上水（河川水や湖沼水など）は州のものだが、地下水についての判断は明確ではない。土地所有者は、自分の土地に掘った井戸から無制限に地下水を汲み上げ、自由に利用できるという公式見解がある一方で、意図的な浪費、近隣への迷惑行為は禁止され、地盤沈下を防ぐ義務などが課されている。ただし地下水脈は複雑で、水源からの汲み上げと、下流域での水の枯渇や地盤沈下などの因果関係を証明することはむずかしい。そのため訴訟を起こしても被害者が負けるケースが多い。

　一方で、地下水を公水と考える国もある。たとえばイスラエル、ギリシア、ポーランド、イタリアなど。イスラエルでは「地下水は土地所有権に含まれ

ない」と定められ、イタリアでは「所有地内での家事利用分を除き、水は公のもの」。ドイツ・バイエルン州では「地下水の公共利用優先」が規定されている。

4　保全を強化する動き

　日本では、地下水は原則として土地所有者に利用権がある。民放第207条では土地所有権の範囲として「土地の所有権は、法令の制限内において、その土地の上下に及ぶ」とされ、地下水利用は規制された地域を除けば自由に行われている。

　仮に過剰に汲み上げられると、周辺への影響が出る可能性は高い。このため各地の自治体は水源の保全や地盤沈下防止などを目的とする条例を定めている。国土交通省が2011年3月に調査したところ、32都道府県と385市区町村が、地下水保全を目的とする条例や要綱などを定めていた。ただし取水に当たり首長の許可や有識者会議の協議などが必要としているのは139件にとどまり、150件が届け出のみで自由に汲める。残る228件は明確な規定がなかった。つまり汲み上げを規制する効果はほとんどないものばかりだった。

　その後、具体的な罰則規定をもつ条例が登場した。
　北海道ニセコ町では、地下水の大量採取を事前許可制とする「地下水保全条例」と「水道水源保護条例」が2011年9月1日施行された。「地下水保全条例」では、家庭用の井戸水取水管より太い、断面積8平方センチを超す管で地下水を採取する場合、町の事前許可が必要と規定している（断面積8平方センチ以下の場合は、届出をしたうえで井戸を掘り使用し

てよい)。申請書の提出や町民説明会の開催のほか、許可後も取水量を報告することを義務づけ、必要に応じて採取制限を命令できる。

　もう1つの「水道水源保護条例」は、町が指定する水源保護地域で産業廃棄物処理施設の建設や開発行為を進める場合、町との事前協議や審議会の判断、説明会の開催が必要と定めている。

　両条例には罰則があるのが特徴だ。地下水保全条例では、許可が必要な太さの管を用いて無断で取水した場合、50万円以下の罰金。水道水源保護条例は、事前協議を怠り施設建設などを行った事業者には1年以下の懲役または50万円以下の罰金を科すほか、違反行為に応じ事業者名公表や罰金などがある。

　山梨県忍野村では「村地下水資源保全条例」が2011年10月1日施行された。規制地域は村内全域で、個人が村内で井戸を設置したり、構造を変更したりする場合は村長の許可が、国・地方公共団体の場合は村長との協議が必要となる。使用許可の基準は、地下水が循環的な利用であること。新たに地下水をペットボトルやタンクローリーなどで村外に持ち出すことは認められなくなり、村内採取して村内で使用する循環的利用に限られる。このほか県、村の土地利用計画に反しない、周辺地域の地盤の安定に影響を及ぼさない、排水施設が十分整備されている、量水器が設置されているなどが挙げられる。村で盛んな豆腐作りに使う2次使用など、直接地下水資源の販売目的でない場合は、村住環境保全審議会に諮問して意見を聞く。違反した場合の罰金は50万円以下だ。

　熊本県では地下水保全条例を改正し、大口取水の

許可基準を決めた。基準は「ポンプのくみ出し口断面積19平方センチ超の井戸」で、地下水取水量の93.7％に当たる1138本の井戸所有者が対象。対象者には水量測定器の設置を義務付け。2012年度から当面3年間は、年間取水量の1割を涵養量として、雨水浸透ますの設置、水田湛水、涵養域産米の購入などの対策も義務付けている。

5　条例に実効性はあるか

　地下水を公水と定め、利用する場合には対価を支払うという考え方も確かにある。かつて山梨県が「ミネラルウオーターに関する税」についての報告書を公表したことがあった（2005年3月、山梨県地方税制研究会）。これは、飲料水メーカーの地下水汲み上げに対し、「1リットル当たり50銭」を課税するというもの。山梨県はペットボトル水の生産量が全国1位。良質な水の産地であると同時に首都圏に近いことも大きな要因だ。ペットボトル水のコストの約4割が輸送費なので、産地と消費地が近いほどコスト削減できる。山梨県にはサントリー、キリン、コカ・コーラなどの大企業が工場をつくっていた。当事（2004年）のペットボトル水生産量が529.388キロだから、1リットル50銭課税すると税収は2億6500万円になる。これに飲料水メーカーが猛反発した。山梨県の地下水の25％が産業用に使われているが、そのうち飲料水メーカーの使用分は2％にすぎず、残りは半導体産業などが使っていた。半導体産業に課税せず、ミネラルウオーターにだけ課税するのはおかしいというのが当時の言い分だった。

　また、保全条例を整備しても実効性があるかどう

かは議論の余地が残っている。

　憲法29条2項（「財産権の内容は、公共の福祉に適合するように、法律でこれを定める」）の解釈をめぐっては、条例による財産権の制約も可能であるとする見解が多いものの、財産権に規制をかけた場合の損失補償の必要性については諸説あり、条例で規制をかけた場合、自治体は土地所有者に対し、何らかの補償を行う可能性も残っている。

　もう1つ忘れてはならないのは、保全の動きがある一方で、水資源を有効活用したいという自治体もあることだ。

　自治体内の水を販売したり、飲料メーカーを誘致して税収を確保したい。これは保全とはまったく反対の動きで、同じ自治体でも経済部など水利用推進派と環境部など水保全派の対立が起きているところもある。

　ここでも財産権の損失補償の議論が必要だ。というのも規制の目的が公共の安全、秩序の維持、災害の防止などであれば補償の必要性は小さいが、公共事業などの場合は補償の必要性は大きくなる。つまり住民の水源を守るだけなら前者だが、積極的に水を売るとなると後者となる。自治体はいままさに地下水の利用と保全の間で揺れている。

7 水循環基本法とはどんな法律か

1 いくつもの省庁にまたがり、すき間から水漏れする水行政

　水源地の買収や乱開発が進むなか、水資源保全に向け、民主、自民両党は、水循環基本法案を議員立法として提出している。

　水資源行政を統括する水循環政策本部を内閣官房に設置することが柱。法案では、水を「国民共有の貴重な財産」とし「国と自治体が水関連政策を策定し実施する責務を持つ」とする。水循環に影響を及ぼす利用について、政府に適切な規制や、財政上の措置を求める。水源地となる森林や河川、農地を整備する必要性も指摘する。2008年6月3日、「水の重要性を位置づける基本法」の制定を目指し、超党派の国会議員や学者、市民でつくる「水制度改革国民会議」が設立した。

　水行政は、河川や下水道が国土交通省、農業用水は農林水産省、上水道が厚生労働省、水質や生態系が環境省など6省の業務と絡む。関連の法律は82本あるが個別事業法的性格が強く、縦割りの弊害や近隣自治体間の調整ができない。

　このためさまざまな弊害を生んできた。たとえば水道取水口より上流に下水処理場の放流口を作るというボタンの掛け違えが大都市周辺で常態化。大阪では取水口の上流に十数か所もの下水処理場、し尿

処理場がある。千葉県の利根川沿いの浄水場も茨城県の排水処理場の下流に作られた。飲料水源管理が厳しい欧州では絶対に許されないだろう。水道水源保全地域を指定し、河川や水源周辺の土地利用や農業行為を細かく規制しているからだ。

　農村部では集落下水道（農水省）、流域下水道（国交省）、合併浄化槽（環境省）が混在し、不合理な点が多い。雨水と地下水は法的な位置づけもない。雨水活用は都市洪水の抑止、水資源の有効利用に不可欠。地下水には水利権がなく、過剰くみ上げを抑止できない。森林管理の不備で枯渇寸前の水源や、発電と農業用などに取水されて水流が絶え、本来の姿を失いかけた断流河川も増えた。

　水制度改革国民会議代表に就任した松井三郎京都大名誉教授は「いくつもの法律と省庁にまたがり、すき間から激しく水漏れしている」と水行政を表現。水を司る横断的な官庁をつくり、水問題を取り仕切る構想が生まれた。

　2009年秋、同会議は、水循環政策大綱と水循環基本法の案をまとめ、新しい水循環社会の構築を提案。その趣旨は「子孫によい水環境を残すこと」にあった。調査と監視を行う官庁「水循環庁」をつくり、水環境政策を展開。人への影響だけでなく、生態系への影響も考慮に入れ、制度やシステムを構築していく方針だった。

　2010年1月には衆議院第1議員会館で「水制度改革を求める国民大会」を開催。大会には多くの国会議員も参加。党の枠を超えて健全な水循環システム構築について議論した。要望書では、「縦割りの水制度と水管理体制は人と水のあるべき姿を歪め、水循

環サイクルを破壊して久しい」と水行政が複数の省庁にまたがる体制を批判したうえで、「地方主権的かつ統合的な水管理システムの実現を期する水循環基本法の早期制定と抜本的な水制度改革の断行を求める」と基本法の重要性を強調した。

2　オールジャパンで水ビジネス行う体制づくり

　もう1人、水行政の一元化にこだわった人物がいた。2008年に自民党が立ち上げた「水の安全保障委員会」会長に就任した中川昭一元衆議院議員（故人）である。

　「わが国の持つ水関連の技術をどのように国益増進に結びつけるかを検討し、官民連携の下で日本が世界の水問題に対して強力な発言ができるような支援体制を組みたい」と強力なリーダーシップを発揮しようとした。

　当時、中川議員は「水行政の縦割りを壊したい。そのためにも官僚には頼らず議員自ら勉強する」と強く主張していた。

　これにはもう1つの目的があった。それは「水ビジネスで海外に出る」というものだ。「日本にはこれまで、水に関する技術と、維持・管理を中心にしたビジネスを結び付けて戦略を考える組織もプロジェクトもなかった。戦略なしに、戦術よりももっと以前の局地戦を、技術と知恵だけを頼りにバラバラにやってきた。メンテナンスやサービスを行うビジネス分野までうまくつなげることは相手の国にとってもマイナスではない。プラントを引き渡したら、それでおしまいではなく、そこから先をビジネスとして利益を生むよう考える戦略性が今の日本には問わ

れている」

　中川議員の掲げた「オールジャパンで水ビジネス」という構想は、一時大変盛り上がったが、いまは変容している。「オールジャパンなんて言ってないで、組みやすいところで組んでやろう」という感じになっている。

3　官僚の逆襲で当初目的を達成できず

　森山浩行衆議院議員（水制度改革議員連盟事務局長）によると「当初は官僚に相手にされていなかった。発言を求めても誰も何もいわなかった」という。しかし、水循環基本法への議員らの本気度が高まり、その骨格が見えてくると、官僚は態度を硬化させる。

　「基本法にもかかわらず、中身は理念にとどまっていない」「条文ごとの慎重な検討が必要」と、法案のたたき台に対し、各省の所管法令との整合性を理由に一斉に異を唱えはじめた。たとえば国土交通省は法案に盛り込まれていた以下の条文に異論を唱えている。

・河川横断構造物（堰・ダム等）の除却を義務付け
・雨水の地下浸透を阻害する行為の禁止
・行政機関以外の第三者機関等による水環境監視・是正命令等
・安全で健康かつ快適な水環境の恵沢を享受する基本的権利を創設
・水循環庁の設立

　これらを受け、2011年6月30日、民主党の水政策プロジェクトチームは「水循環基本法案」に対する中間とりまとめ案を提示するのだが、当初の目的は大幅に後退した。第三者機関による水環境監視や間

接強制、公共事業中止後の措置などさまざまな規制については「個別法で定める」として削除。水を統合的に管理する「水循環庁」の設置をあきらめ、総合調整機能をもつ「水循環本部」設置に変更。「統合的管理」という文言がすべて、「総合調整」に代わったことについて、「少なくとも統合的管理という言葉はどこかで盛り込むべき」との声が相次いだ。

当初の水循環基本法案では、地表水だけでなく地下水、海水などをすべて「公水」と定義し、「水循環庁」をヘッドとして、流域自治体が統合的管理することが目的だった。しかし、地下水を大量に使う産業界の反発、所管法令との整合性を理由に疑義を唱える各省庁、さらには民主各部門会議からも異論が相次ぎ、強制力を強めた水の統合管理を目的とした法案を断念。「いくつもの法律と省庁にまたがり、すき間から激しく水漏れしている」行政を改革しようという松井三郎代表の思いは叶わなかった。森山議員は、「まずは内閣府に司令塔(水循環本部)を置く。

これが第1段階。次に、省庁にまたがる事業を統合整理していく。これが第2段階」と言っていたが、理想の形の実現はむずかしくなった。

4 世界的水不足、震災の影響で活発化する地下水ビジネス

水循環基本法は「水資源を守る」ために「外資の土地買収に対抗する」ものと喧伝されているが、それは一面に過ぎない。実際の骨子は以下のようにまとめられる。

1、水は国民共有の貴重な財産。
1、国や地方自治体は、水関連政策を策定し実施する

責務を持つ。
1、国や地方自治体は、水循環に影響を及ぼす利用について適切な規制を講じる。
1、内閣に水循環政策本部を置く。
1、政府は法制上、財政上の措置を講じる。
1、政府は毎年、講じた政策を国会報告する。
1、政府は５年ごとに政策の基本計画を定める。

　外資が土地を買うから水資源が損なわれるような印象を喧伝するのは、そうしたほうが法案成立に向け賛同が得られやすいからだろう。

　今後論点となるのが、「水は国民共有の貴重な財産」とはどういう意味なのか。地表水、地下水、海水などすべてを「公水」と定義するのか。とくに現在「私水」とされている地下水については激しい議論が展開されるだろう。

　東日本大震災以降、地下水利用は活発になっている。「水道水に比べれば、ミネラルウオーターなど地下水は安全性が高い」という専門家の意見もあり、ペットボトル水の需要は依然として根強い。

　飲料総研によると、2011年のペットボトル水出荷量は約２億ケース（１ケース12リットル）。

　ペットボトル水の売上げは2008年をピークに漸減傾向にあったが、2011年は前年比18％増。震災後に水を備蓄した人、放射能汚染の懸念から水道水を敬遠した人などがいたためだ。現在もっとも売れているサントリー「天然水」は2011年に6250万ケースを販売。2012年は6100万ケースの販売を見込む。サントリーの微減予測に対し、競合他社は売上増を見込む。日本コカ・コーラ、キリンビバレッジ、アサヒ飲料ともに増産のかまえだ。出荷先は国内に止まら

ない。日本貿易振興機構によると、日本産ミネラルウオーターの2010年の輸出額は計1億1400万円。10年前の2.5倍に伸びた。

また、地下水や水道水をろ過、ミネラル分を加えるなどした飲料水を定期的に届ける宅配水の市場は急拡大している。2006年に設立された業界団体の日本宅配水協会（東京）によると、2011年末の顧客数は全国で推定約276万軒。ここ数年は毎年2桁の伸びが続き、2011年は前年比4割増となった。

さらに最近では、ミネラルウオーターを大規模に製造・販売する大手や中小の企業に交じり、自宅の井戸水を使った個人レベルの「水ビジネス」が各地に登場している。土地を取得すれば、比較的小資本でスタートできるので異業種からの参入も多い。

5　失われつつある各地の名水

一方で、メーカーの汲み上げ過剰を懸念する声も絶えない。長野県安曇野市は名産のわさびを育てる湧き水の枯渇が懸念されている。農家は同市に地下水保全策を要望するが、飲料水メーカーは、北地元の水資源を「名水」として全国に販売するなど魅力をPRしている、雇用など市と一体となって利益を生んでいると主張していた。

そうしたなか、2011年12月、市の地下水保全対策研究委員会で、座長を務める藤縄克之・信州大教授（地下水学）が「市の地下水が年間600万トン減少している」と発表。根拠としたのは、1986年と2007年に、農林水産省や国土交通省が実施した地下水位調査。データを基に地下水位の「等高線」を描くと、86年に比べ、07年は水位がはっきりと下がっていた。

調査会社は失われた水量が21年間で1億2500万トンに上ると推計。限られたデータに基づくとはいえ、市内の地下から毎年、東京ドーム5杯分の水が失われているという数字が示された。

　企業による地下水利用はペットボトル水の汲み上げだけではない。地下水をくみあげて水道に利用する企業がここ数年急増。災害時の断水への備えになるとともに、コストダウンにもつながるからだ。水道法では、101人以上の居住に必要な水を供給するか、1日の最大給水量が20トンを超える自家用の水道を、自治体による公共水道と区別し「専用水道」と定める。専用水道の利用が増えれば、自治体の水道事業は大きな減収となり影響は深刻だ。

　地下水利用が進むなか、各地の自治体は「地下水を地域の共有財産」と、利用に際し、一定のルールを定めようとしている。だが、条例での規制は、民法の財産権に抵触して、限界があるために、水循環基本法に期待が集まっている。水循環基本法が地下水についてどのように定義し、具体的にどのような政策を打ち出すのか。いずれにしても多くの水利用者に影響を与えるだろう。

　さらに水を「公水」と位置づけた後、自治体が地下水を海外に売ろうという動きがあることも無視できない。

　前述の安曇野の水の推定の埋蔵量は180億〜193億トンに達するという。諏訪湖の貯水量のおよそ300倍に当たる地下水量であり、藤縄教授は、仮にミネラルウオーターとして販売した場合「市内だけで1200兆円の価値がある」と評価した。日本全国にすればさらに大量の水がある。

世界的な水不足が進行するなから、地下水を販売して儲けを上げたいという自治体の動きは今後出てくる可能性がある。しかしながら、水の量には限りがある。人間が過度に水を使用すれば、水の恩恵を受けていたあらゆる生物の死につながる危険性があることを肝に銘じなければならない。

8 地下水の見える化で水マネジメントが変わる

1 東京湾に注ぐ利根川の水

　コンピュータで水循環をマネジメントする技術「4次元水循環マネジメントシステム」は、水に関する国ごとのマスタープラン、アクションプランを策定し、実行する際の基本情報を、政策決定者にわかり易く情報提供する技術として、今後世界中で注目されるだろう。

　中国には「水を治めるものは天下を治める」という言葉がある。水マネジメントは領主の大きな仕事だった。水を確保し、安定的に作物が収穫できれば、民衆を治めやすくなるからだ。

　日本でも戦国から江戸時代初期にかけ、土木工事がさかんに行なわれた。領主たちは新田開発に取り組み、放置されていた川を肥沃な水田につくりかえた。このような工事を行なったのは戦国武将で、たとえば伊達政宗、武田信玄、加藤清正などの名前があがる。

　なかでも大きな治水事業を行なったのが徳川家康である。家康は江戸を開発し、政治経済の中心地に変えていくのだが、その中心となったのが利根川の治水工事だった。当時の関東平野は、水の流れが複雑にからみあい、しばしば氾濫を起こしていた。そこで家康は利根川の大改修を命じた。そのおかげで洪水の心配もなく、交通も便利になった江戸の町は、

大きく発展していった。

　このことは多くの人が知っていることだろう。だが、利根川の下を流れる地下水脈は現在も東京湾に注いでいる。川はDNAをもち、人間がいかに表面をかえても地下水脈はかわらない。

　このことを伝えるのが「世界4次元水循環マネジメントプロジェクト」である。これまで見えなかった地下水脈を含め、地域の水循環をコンピュータで「見える化」した。

　このプロジェクトは、公益財団法人リバーフロント研究所が軸となり、東京大学、静岡大学、中央大学、九州大学、産業技術総合研究所、日立製作所、地圏環境テクノロジー、セウテック、日本水フォーラム、水と環境の未来研究所、宇宙航空研究機構のコンソーシアムが実現した。専門家たちが高度な技術を持ち出よることで成り立っている。

　これにより、将来に渡る持続可能な水管理計画の策定、評価、管理が可能になるだろう。水源域から海域まで、表流水、地下水の水循環が一体的、かつ精密に明らかになるため、限られた貴重な淡水資源、水環境の状態を的確に把握することができ、開発、気候変動等による変化を予測することも可能だ。実施状況のモニタリング、効果・影響の評価ができるのだ。

　この技術は、地形、地質、土地利用、気象に関するデータから、地域本来の自然状態での水循環（表流水・地下水）をコンピュータ上に3次元で再現する。

　まず、コンピュータに地形、地質データ収集。一定の土地に関する細かなメッシュをつくり、水の浸

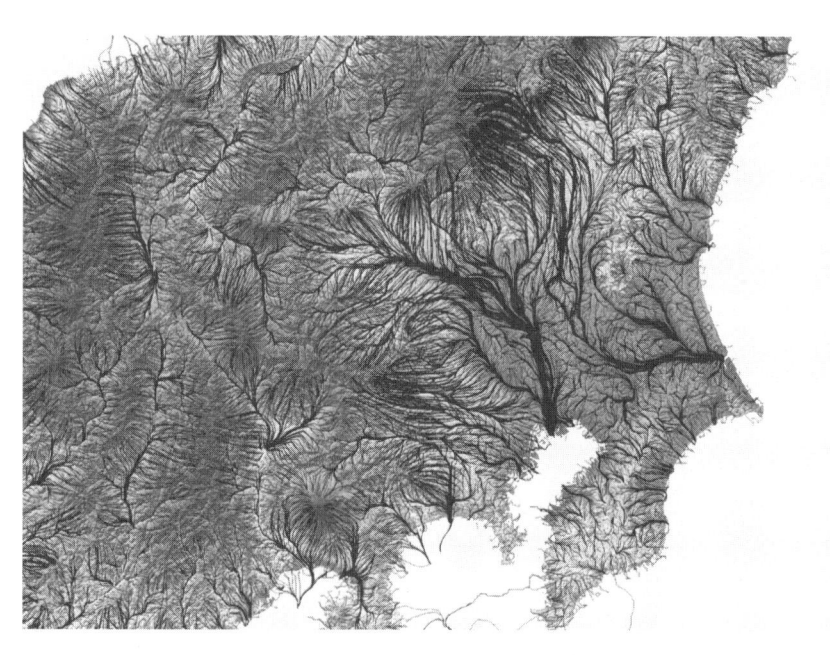

首都圏の地下水脈（リバーフロント研究所）

透度データをインプット。そこに雨を数万年分降らせる。すると地域の原風景ができあがり、地域のなかにどのように水が存在し、流れているかがわかるわけだ。

次に、衛星で土地利用に関するデータを集め、人間の影響を加える。都市、農地、工場、トンネル、ダムなどの場所を特定し、河川水利用、地下水の汲み上げ状況、さらには排水の流入など、現在の水利用状況のデータを加える。

これによって、地域の水循環の見える化が実現。どのポイントからどれだけの水がくみ上げられるか、どこからどれだけの排水が流れ込むかがわかる。仮に農場があれば、どのように硝酸性窒素が地下水に入っているかも見えることになる。

衛星の活用によって、広域を同時に観測でき、取得したデータの時間的な同一性が保たれる。高精度な水循環シミュレーションを実現し、コストも低いというメリットもある。

さらに、未来の水循環（表流水・地下水・海水）を予測することも可能だ。たとえば気温や降雨量、土地利用に関するデータを変化させれば、それによって表流水や地下水量がどのように変化するかの予想ができるし、さらには表流水、地下水利用による水資源へのインパクトもわかる。河川水や地下水の状況を、空間的に把握するだけでなく、時間の要素も加えて未来予測できる。それゆえに、「4次元」水循環マネジメントプロジェクトという名称がついている。

2 地下水は公のものという認識

写真は秦野市の水無川流域の地下水脈の流れを「見える化」したものだ。このレベルの画像を行うのに、費用は約5000万円、時間は3年かかる。初年度は情報収集、2年目にモデル構築、3年目に提供となる。

これによって地下水や流域に対する認識が大きく変わるだろう。地下水保全に向けて、前述のとおり各地の自治体でもさまざまな動きがあるが、私有地の地下水利用は、最終的には憲法の財産権で守られているとみられる。仮に利用側と保全側が最高裁まで争った場合、どのような判決が下されるかわからない。

しかし、画像によって地下水が地面の下を脈々と流れ、1つの場所に止まっていないことがわかると、

秦野市の地下水脈（リバーフロント研究所）

決して土地所有者のものではないということがわかる。最高裁での判決を大きく動かすことになるかもしれない。

3　適切な利用と保全が可能に

　地下水が大量に汲み上げられると、周辺への影響が出る可能性が高いため、各地の自治体は水源の保全や地盤沈下防止などを目的とする条例を定めている。

　また、保全の動きがある一方で、水資源を有効活用したいという考えも自治体にある。自治体内の水を販売したり、飲料メーカーを誘致して税収を確保したい。前述のとおり、自治体は地下水の利用と保全の間で揺れている。

　根本的な原因は地下水が見えないからだ。見えないにもかかわらず、「汲み過ぎではないか」「いやまだ

まだ大丈夫」と根拠のない議論が重ねられたため利用サイドと保全サイドが対立を深めた。

だが、このリバーフロント研究所の技術を使うと、どの深さにどの程度の地下水があるかがわかる。降雨や利用によってどのように増減し、どのくらいのスピードで海まで達するかがわかる。

するとどの場所でどの程度までなら利用可能であるとか、この場所では絶対にくみ上げてはいけないということが一目瞭然になる。

ボトル水メーカーが、何メートルの深度の帯水層から日量〇トンの水をくみ上げ、下流にどの程度の影響を及ぼしているかもわかる。使っても回復するポイントであれば利用可、汲み上げたら元に戻るまでに数カ月かかるようなポイントは利用不可とするなど、科学的な議論ができる。

時間の流れによる、地下水量の変化も見られるので、夕立が降った後に地下水量は上昇するポイント、表流水にならず地下に浸透していくポイントがあることがわかる。渇水の時期には、ダム水が減って大騒ぎするが、汲み上げ可能な地下水をつかう。渇水の時期は農作業でも水をつかう8月頃に集中する。水争いもこの時期に集中する。持続利用可能なポイントから地下水を上げる。

さらには、地下水を活用して利益を出しているなら、その一部をつかって水道事業を支えたり、地下水涵養を積極的に行うべきだと議論をする下地にもなるだろう。行政の水管理は形骸化している。それは表流水の管理はしているが、地下水管理を行っていないからだ。地下水管理に関する法律も行政も十分とはいけない。国交省は表流水専門だったと言え

る。

　現在、各地で地下水活用がすすみ、水道離れが起きている。大企業者、病院、ホテル、大学など、大口利用者が自己水源を確保し、水道は基本料金の支払いのみで、ほとんど利用していない。こうすることでコスト削減するねらいがある。これによって水道事業者の収益が減り、経営困難に陥っている。

　その利益の例えば20％は、その地方の零細な水道企業体にまわしたり流域の基金にする。インフラ施設の償却費など、基本料金と使用料で行う計画になっているのだが、使用料の部分は一般の市民のみが担うようになっている。零細な10万人以下の水道企業体が減っている。基金で維持管理費の一部を行う。そういうことをやらないと公平な行政、水管理ができない。つまり、表流水だけでやっていた水行政が完全に今、破綻しつつある。

　そうすると本来の理想的な形の流域による水管理とか、流域による水道行政みたいなことが、これによってできてくる可能性がある。

　この技術には海外も注目している。たとえばサウジアラビアの砂漠の下には地下水がある。だが、これまでは位置を特定することができなかった。また、たまたま地下水脈を掘り当てても過度に汲みすぎたために海水が浸透してきたケースもある。地下水は海にまで通じているから、過度に汲みすぎると地下水位が低くなると、海水が逆流してくる。そうなるとその地下水は使えない。

　この技術を使えるトン数みたいなものっていうのも、わかるという。アフリカ全土でも、コストをかければできる。アフリカの紛争はほとんどが水が原

因だ。どこに地下水があるか、どこの地下水が持続的に利用可能かがわかることで、水利用のあり方は変わる。

4　外国人の土地取引も冷静に

　林野庁と国土交通省によると、2011年の外国の法人や個人による森林買収は、4道県で14件、157ヘクタールだった。件数が最も多いのは北海道の10件108ヘクタール。2011年までの累計は、7道県で60件、785ヘクタールにのぼる。外国資本による土地買収に関しても、経済的には歓迎という意見と、水資源をもっていかれるのは困るとの意見が分かれている。

　しかし、この技術を活用することで、どのポイントからどの程度取水しているかがわかるので、もう少し冷静な議論が可能になる。取水に関する規制も実効性をもつものになるだろう。

　実際、昨年の外資による買収は、リゾート地での取得が大半で、別荘や住宅にする目的と見られている。

5　流域意識の芽生え

　こうした地下水脈の画像を見ることによって、市民の意識も変わる。自分が流域の一員であることを自然と意識するようになるだろう。

　流域とは降った雨が収斂していく一区画である。陸に降った雨や雪解け水の一部は地面にしみこんで地下水となる。地表の近くの地下水はわき出して川になる。地面にしみこまなかった水も、地表を流れて川になる。川はやがて海へ出る。海へ流れでた水

は、ふたたび蒸発し、再び雨となって降ってくる。

こうした水の循環は、大きなものは地球単位で行われるが、小さな単位でも同じことが行われている。水平でない土地に雨が落ちたとき、水は傾斜にそって低いほうへと流れる。流れはやがて川となり、最終的には海や内海に注ぐ。流域とは、降った雨が地表、地中を毛細血管のように絡み流れ、やがてひと筋に収斂していく単位である。

日本でいちばん広いのは、利根川流域（1万6840K㎡）で、石狩川（1万4330K㎡）、信濃川（1万1900K㎡）、北上川（1万150K㎡）、木曽川（9100K㎡）と続く。人口の多い流域は利根川の1214万人がトップで、桂川、木津川、淀川がそれぞれ1100万人で肩を並べる。

同じ流域に住む人は同じ瓶の水を使い、また、ときには洪水や渇水などの影響を受ける運命共同体に属している。自然災害は市区町村単位ではなく、流域単位で発生する。首都圏に住む1214万人は利根川流域人であるが、同じ東京都民でも、利根川流域人ではなく多摩川流域人もいる。

持続可能なコミュニティーをめざすなら、水を流域というくくりで捉え、保全を考えていくとよい。時代に合わない流域の管理手法に取って代わる合理的な選択肢はたくさんあり、まだまだ流域の健康を取り戻すことはできる。流域は私たちの生活基盤。傷ついた水瓶を復活させる行動をはじめようではないか。

9 小規模コミュニティーには水道シフトが必要

1 大量のエネルギーを使う上下水道

　日本の社会は「大規模」「集中」を効率のよさを享受しながら発展してきた。

　しかし、東日本大震災は、「大規模」「集中」のマイナスの部分を顕在化させた。1つの発電所のトラブルによって多くのまちの電気が消え、1つの浄水場の停止やトラブルによって多くの人が、毎日あたりまえのように飲んでいた水が飲めなくなった。

　そうしたことから、エネルギーの「小規模」「分散」という考え方に注目が集まっているが、水道でも同様に「小規模」「分散」を検討する必要はありそうだ。水源と浄水方法を見直すことにで、「安全」「低コスト」「省エネ」の水道を実現する「水道シフト」は、持続可能な小規模コミュニティーに必要なものとなるだろう。

　これまでは東京都のやり方に倣うことが多かったが、今後は都市は都市のやり方、小規模自治体は小規模自治体なりのやり方を選択する必要がある。

　そもそも現在の上下水道システムには、多くのエネルギーが使用されていることをご存知だろうか。

　上水道では、水源からのポンプ取水、浄水場までのポンプ導水、浄水場での浄水処理、ポンプで各家庭まで送水・配水、という過程で、年間約79億キロワット時の電力をつかっている。下水道でも、排水

をポンプで導水、下水処理場での浄水処理、処理した水をポンプで放水、という過程で年間約71億キロワット時の電力をつかっている。上下水道合わせて年間約150億キロワット時になる。これは原子力発電所1.5基が創出するエネルギー量に匹敵する。

　自治体施設の電力消費量のうち、上下水道にかかるエネルギーは4割程度（自治体によってばらつきはある）を占めているので、固定的にかかる水道に関する電力量を節減することで、自治体施設の電力消費量をおさえることができる。では、具体的にはどうしたらよいか。

2 「低・遠」の水源から「高・近」の水源へシフト

　1つ目は、導水の距離を短縮すること。地形や地理的な条件によって取水・導水、送水・配水に多くの電力が必要な水道事業がある。

　というのも、低い場所にある水源から取水して、高いところにある浄水場まで導水したり、遠くのダムから導水したりと「低・遠」の水源を利用している水道事業はかなり多い。こういうところは「高・近」の水源を検討する。たとえば山の伏流水、コミュニティー内の地下水、雨水を利用する。高低差を活かして水を運べば導水や送水にかかっていた電力は不要になるし、近場の水なら最小限の電力ですむ。

　厚生労働省も、水利用の基本理念を定める「水循環基本法」（案）の検討会で、「水利権の転用について、上流の水源に転用できるしくみを制度化すべき。上流で取水したほうが、配水の際のエネルギー効率、原水の水質の面で有利であるため」とコメントして

いる。

地下水や雨水の活用が震災以降、あらためて注目されているのは、これまで述べてきたとおりである。

3 重い負担になるダム受水

ダムからの受水は水道事業者の負担になっている。過去20～30年にわたり、全国各地の中小規模水道がダムの水を買い取る仕組みができあがった。都道府県や企業団が運営する用水供給事業から市町村水道が、毎年契約した量の水道用水を買う。これを「広域水道」という。

なぜこのしくみが生まれたか。水源を新たに確保する必要がある場合、1市町村水道では財政的に困難なため、複数の市町村が共同で水道企業団を組織し、あるいは県が主体となってダム開発に参加して得た水を末端の市町村に売る、というものだった。

この方策は、需要が増加して水利権不足になった都市においては安定供給に貢献した。しかし、その後、低成長の時代になって地方へと広められた。広域水道に参加したために水あまりを来たし、水道料金の大幅な値上げに陥る市町村水道が続出する事態を生じさせている。

2005年に約16％値上げした福島市のように、大規模ダムはできたが、工業用水需要が伸び悩み、事業を支えるために想定した水道料金では採算が合わなくなった例が代表的だ。

山形県の旧松山町（現酒田市）は2005年11月に酒田市など1市2町と合併したが、すぐに水道料金を統一することはできなかった。旧松山町の水道料金が6132円と高く、旧酒田市など（3570円）と格差が

あり過ぎたからだ。

　旧松山町の水道料金が高額となった理由は、ダムからの受水を選択したことによる。松山町は人口約5200人。もともとは地下水や河川の水（伏流水を含む）を水源とする3つの簡易水道が住民に水を届けていたが、将来にわたる水の安定確保を考え、町はダムからの受水を選択。2001年に田沢川ダムからの給水が始まった。1日最大給水量で3340トン、水単価は1トン当たり65円。ダム水を浄水場や配水場に運ぶ送水管設置など、インフラ整備に約16億円かけた。

　しかし、結果は、水需要は右肩下がり、水道料金は右肩上がり。1日最大給水量は計画の3分の2にとどまり、料金は、水代や設備投資が料金に跳ね返り、大幅アップを繰り返す。簡易水道時代に3190円だった料金は6132円にまで値上げされた。水供給をダムに依存することの割高さを痛感する。ダムからの水代には基本料金と使用料金の2種類ある。このうち、基本料金は権利代に当たる。当初申し込んだ1日最大給水量に応じて支払うもので、実際に使わなくても払わねばならない。水単価の3分の2がこれに当たり、過大な予測が住民負担を増大させているのである。

　水利権欲しさに深い傷を追ってしまった自治体が実に多い。補助金の誘惑に負けたために、長期間に渡る借金の返済と、水道料金の半永久的な高騰を受け入れざるをえなくなった。

　人口減少から来る、水あまり、需要減少傾向にありながら、広域水道計画から抜けられず、住民の反対を押し切ってまで、利用者に今後の負担を押しつ

けようとする自治体が多い。可能な限り別の水源にシフトすることが大切だ。

4 浄水方法でコストや消費エネルギーは変わる

　浄水方法によって、できる水の味、浄水にかかるコストやエネルギーは変わる。主な浄水方法には、生物浄化法（緩速ろ過）、急速ろ過、膜ろ過がある。それぞれにかかるエネルギーを比べると、生物浄化法（緩速ろ過）、急速ろ過、膜ろ過という順番になるだろう。

　生物浄化法（緩速ろ過）は、ろ過層の表面に棲んでいる、目に見えない生物群集の働きで水をきれいにする。薬の力は使わず、自然の力で水をきれいにするしくみは、森の土壌が水をきれいにする自然界のしくみをコンパクトに再現したものだ。

　急速ろ過は、薬によって水に含まれる汚れを沈め、上ずみをジャリや砂でろ過する。「大規模」「集中」型の施設で効率よく浄水する反面、いくつかの欠点もある。まず急速ろ過は、水溶性有機物やアンモニアを除去することができないので、塩素による殺菌を行う必要がある。また、マンガン、臭気、合成洗剤なども除去することができないので、水の味は悪くなる。

　このため都市部の水道事業では、高度浄水処理が行われるようになった。急速ろ過では十分に対応できないカビ臭、カルキ臭などの原因物質をオゾン処理、生物活性炭などで処理する。

　クリプトスポリジウムという原虫により水道水が汚染され、集団下痢が発生したこともあった。クリプトスポリジウムは塩素では死滅しないので、膜ろ

過（ミクロの孔のあいたフィルターを通し、原水中の濁りや汚れを除去する）が奨励された。水を50〜10nm（1nm＝10億分の1m）数の穴のフィルターに通すことにより、原水の中にある濁りや汚れなどを除去する方法。しかし、導入、維持管理にかなりの費用がかかるというデメリットがある。

　経緯を振り返ってみると、生物浄化法（緩速ろ過）が急速ろ過へと移行することで、水需要の急速な伸びに「大規模」「集中」的に対応し、維持管理の自動化など合理的な面もある。

　しかし、一方でカビ臭問題、クリプト原虫の汚染問題などは急速ろ過法の技術的な「穴」であって、そもそも緩速ろ過法のままであれば問題はおきなかった。

　これらの問題に技術力で対処すべく、活性炭投入、オゾン処理、膜処理など、さまざまなアップデートが繰り返された。設備投資や消耗品などのコストとエネルギーが必要になり、水道事業の財政は苦しくなった。

　水道事業は、コストを利用者数で頭割りすることが原則なので、利用者数の少ない小規模コミュニティーほど、水道料金が高くなるなど負担が顕在化してくる。そうしたところほど水道シフトが求められている。

5　クリプト対策で生物浄化法（緩速ろ過）を選択したまち

　1997年、岡山県哲多町（現新見市）は、県の水質検査機関から、原水にクリプトらしきものを検出したという通知を受けた。厚生省（当時）は緊急給水

停止と浄水処理を要請。

　もともと哲多町は浄水施設がなくてもよいほどの良質な原水に恵まれていた。浄水場のなかった哲多町は、浄水場を新設しないと給水できないという事態に直面した。

　哲多町では「安全でおいしく安い水を供給できる」と生物浄化法（緩速ろ過）の浄水施設の導入を決めた。

　当時の厚生省は、クリプト対策指針では急速ろ過、緩速ろ過、膜ろ過のいずれの処理施設でもよいとしながら、膜ろ過以外には補助金を出さない方針だった（後に急速ろ過、緩速ろ過にも補助金を出す方針に転換）。

　それでも哲多町は生物浄化法（緩速ろ過）の導入を決めた。理由は、建設費、維持・管理費が安いこと。また急速ろ過では、それまでと比べて塩素投入量が格段に増えるので、町民の健康リスクが高くなると考えたのだ。

　群馬県高崎市にある剣崎浄水場は、明治43年に創設された高崎市で最も古い浄水場。ここにはかつてキリンビールの工場があった。ビール会社が醸造工場を建設するに当たり、日本各地の水源や水道を調べ、この地を選んだ。

　剣崎浄水場では、烏川の水を、群馬郡榛名町の春日堰から取り入れ、土地の高低差を利用して浄水場まで運び、生物浄化法（緩速ろ過）できれいにしている。生物浄化法（緩速ろ過）の浄水場の実質耐用年数は100年とされ、明治、大正期に建設されたものが、いまでも現役で稼動している。ライフ・サイクル・コストを算出すれば、他の浄水方式に比べて格

段に安いことがわかる。

　生物浄化法（緩速ろ過）は適切に管理すれば、メンテナンスはほとんど必要ない。腐った藻や砂ろ過槽にたまった汚泥をときどき取り除く程度だ。

　長野県須坂市にある生物浄化法（緩速ろ過）の西原浄水場は 2004 年に稼動開始したが、その後まったくメンテナンスをしていない。それでもボトリングして売れるほどの水（『蔵水』。現在は販売中止）ができている。生物群集がきちんと働く環境さえ整っていれば、人間が手を加える必要はない。

6　復活する生物浄化法（緩速ろ過）

　こうしたことから、生物浄化法（緩速ろ過）を見直す水道事業者が現れた。

　広島県三原市の西野浄水場では、急速ろ過と生物浄化法（緩速ろ過）を併用していたが、2004 年に生物浄化法（緩速ろ過）1 本の浄水場となった。

　宮城県美里町では 2008 年に生物浄化法（緩速ろ過）の浄水場が稼働した。美里町は、それまで急速ろ過の浄水場で水を賄ってきたが、老朽化にともない新しい浄水場が必要とした。その際、住民の意思で緩速ろ過を採用した。

　沖縄県の伊良部島は生物浄化法（緩速ろ過）であったが、コンサルタントにすすめられて急速ろ過と膜処理を導入した。しかし、莫大な経費がかかり借金が膨らんだ。そこで宮古島市との合併を機に、中止した生物浄化法（緩速ろ過）と膜処理を一緒に動かすことでコスト削減を図っている。数年後には、宮古島と伊良部島と結ぶ橋が完成するので、そのときには膜処理施設を中止し、宮古島から生物浄化法

長野県須坂市の西原浄水場

（緩速ろ過）の水道水を供給する予定だ。

　沖縄県那覇市の北谷浄水場では、海水淡水化処理施設を建設したが、動かすと莫大な維持費が発生し、赤字が膨らむ。そこで緊急用にだけ動かすことにした。

7　限界集落を救った小規模給水施設

　大分県の山間部には、住民が十数人という小さな集落が点在している。豊後高田市黒土地区（人口223人）は水道の敷設がされていない。表流水、浅層地下水は乏しく、比較的水量を確保できる深層地下水には鉄、マンガンが多く含まれ、飲用はもちろん、洗濯・風呂などに使用するのも難しい。住民は10キ

大分県で活躍する生物浄化法（緩速ろ過）ユニット

口先まで湧水を汲みに行き生活用水にしたり、洗濯は豊後高田市内のコインランドリーに毎日通っていた。しかし、十数人の集落に新たに水道を敷設することは財政的に厳しく、住民の間には見捨てられた感が広がっていた。

　代替案は市民が自主管理する小規模飲料水供給施設である。それにはいくつかの要件があった。

　まず、建設費、維持管理費ともに安価であること。この地区は高齢世帯が多く、収入は年金のみ。施設整備の高額な負担には耐えられない。次に維持管理が簡単であること。重労働や複雑な作業（例えば薬

品を扱うなど）を伴う維持管理は難しい。

　そこでNPOおおいたの水と生活を考える会は、要件を満たす、生物浄化法（緩速ろ過）の浄水施設を提案。大分県、豊後高田市からの助成を受け、2011年4月より、浄水能力8トン／日の小規模飲料水供給施設が稼働している。総工費は700万円、地元負担は一世帯当たり約5万円。地元住民は、毎日のろ過流量管理、2週間ごとの粗ろ過池の閉塞除去を交代で行い、NPOおおいたの水と生活を考える会は月1回モニタリングし、水質検査、維持管理・施設の改善案の提案などを行う。

　厳しい水道経営に対処するため、厚生労働省はスケールメリットで対応すべく「広域化」という方針を打ち出しているが、このような小規模集落までも含めたハード面での広域化は実際には厳しい。広域化政策になじまない地域はある（中心地から離れた小規模集落、過疎化が進行している町、財政の厳しい町など）。豊後高田市のケースは、公共サービスのほつれをNPOと市民で補うという新しいモデルと言える。

　津山市（人口11万人）は水道普及率99.4%で、未普及地域が推計254戸（約730人）あった。水道未普及地域は、市街地から地理的に遠いが、これまでは清浄で豊富な水を住民が簡易処理して使用していた。

　しかし、近年になって以下の課題が発生した。
・高齢化の進展により施設の維持管理がむずかしい
・雨天時の濁り、野生動物の糞尿などが原因で水質が悪化する
・山の保水力の低下などが原因で水量が不安定

これらの課題を津山市の水道事業の仕事として解

決を図ろうとするのは財政的に厳しい。そこで、小規模飲料水供給施設整備事業補助という制度をつくった。

　補助の大前提は、地元の水道管理組合が、施設の設置、運営の責任を負うこと。つまり市民が自分で水道管理をすることだ。そのうえで以下の条件に合う事業に補助金が出た。

- 水道法第 4 条の基準に適合する安全を供給すること
- 戸数 10 個以上、給水人口 20 人以上 100 人未満の規模（水道法の適用外）の地区
- 補助申請に対し、対象戸数の 90％以上の同意が

深山水道（給水人口 17 戸 73 人、総事業費 5089 万円、補助費 3046 万円、地元負担 2040 万円）

あること

補助率は、取水・ろ過施設の設置に60％、給配水管施設に30％、今後の水質検査費用に50％。これまで3地区で住民による小規模水道事業者が動き出している。

小規模飲料水供給施設は、維持管理を地元組合が行うため、
・できるだけ構造が単純で管理の手間が少ない
・ポンプ等の動力を使用しない自然流下とする
・できる限り薬品類を必要としない施設とする

などが考慮され、条件に合う生物浄化法（緩速ろ過）が採用された。緩速ろ過は高濁度時の対応がむずか

奥津川水道（給水人口45戸90人、総事業費2590万円、補助費1481万円、地元負担1109万円）

しいので、粗ろ過施設を１次ろ過池としている。

こうした事例は同様の問題に悩む小規模集落や自治体に多いに参考になるだろう。

ふだん何気なくつかっている水道水だが、その背景にはたくさんのコストとエネルギーがかかっている。

その点、生物浄化法（緩速ろ過）は維持・管理も比較的容易で、コストも消費エネルギーも少なく、小規模コミュニティーにとっては有力な選択肢となるだろう。

今後はコミュニティーにおいてエネルギーや水をどのように調達・利用していくかを自治体主導、住

下り茅水道（給水人口12戸41人、総事業費4780万円、補助費3340万円、地元負担1440万円）

民主導で考えていく必要がある。

ここで提案する水道シフトは、小さなコミュニティーが安全・低コスト・省エネの水を確保するための方法といえる。

8 人口の少ないコミュニティーでも持続できる下水道

現在の社会は水をたくさん使い（＝汚す）、それを大規模集中的に下水処理して河川に戻している。下水道は地域間で整備水準の格差が大きいインフラだ。その普及率は、人口100万人以上の自治体で98％、50万人以上100万人未満の自治体で81％であるのに対して、5万人未満の自治体では42％。その理由は、人口減少や財政難に悩む自治体が多いことが挙げられる。人口減少で処理する汚水の量が減れば、水処理機能や管の流下機能が低下する可能性がある。また、使用料収入が減れば下水道経営に悪影響が生じる。下水道経営が火の車であることは前にも述べた。

だから人口の少ないコミュニティーでも持続できる方策が求められている。

国交省は2007年度に「下水道未普及解消クイックプロジェクト」を立ち上げている。これは従来よりも短期間・低コストで下水道を整備する方法を、社会実験を通して検証していくもの。2009年1月時点で11の市町が取り組んでいる。

たとえば熊本県益城町では、全国初の塩化ビニル管による連続露出配管などの手法をとった。整備した飯野地区は、益城町のなかで高齢化が進んでいる地区で、人口は減少傾向にある。地形は起伏が激

しく、集落は点在しており、従来の整備手法では建設費が割高となる。下水管は通常、道路の下に埋設する。管を埋設する予定の道路よりも低い位置に住宅があると、管の掘削深さは通常の倍以上になることもある。そこで道路よりも低い位置にある住宅のために、敷地に沿って流れる水路などのスペースや民地などを利用して管を露出させたまま敷設することにした。これにより従来の手法に比べ、整備コストを約4200万円から約3200万円へと縮減している。

9　合併浄化槽の活用

公共下水道とは「大規模」「集中」のしくみである。排水をポンプで導水、下水処理場での浄水処理、処理した水をポンプで放水する。これを「小規模」「分散」にするには、合併浄化槽の利用が有効だろう。

本来、水洗トイレを使うには下水道や浄化槽が必要だ。水洗トイレから流される汚水や台所、洗面所、風呂などから出る生活雑排水は、下水道などが完備している場合には、下水処理場（浄化センター）に送られ、さまざまな工程をへて浄化され、川や海に放流される。

地方では各戸で設置できる浄化槽を推奨している。浄化槽には、水洗トイレからの汚水だけを処理する単独処理浄化槽と、水洗トイレからの汚水と台所、浴室、洗面所などから排出される生活排水を同時に処理する合併処理浄化槽がある。

越前市は、基本構想のなかで、公共下水道と農業集落排水事業による「集合処理方式」が未整備な地域を対象に、合併処理浄化槽による「個別処理方式」を積極的に導入することを決めた。

事業費185億円のうち、市の負担は91億円、受益者負担は13億円。これによって前構想と比べてそれぞれ113億円、9億円の減額となった。

10　省エネ、低コスト、安定処理の散水ろ床法

　現在の主流の下水処理法である活性汚泥法は、エアレーションやポンプ稼働に大量の電力が使われているが、散水ろ床法ならコストダウンが図れる。国内では一昔前の手法とされているが、下水道グローバルセンターでは海外向けの優れた方法として紹介している。

　天然石を深さ4メートル程度詰めたろ層に均一に廃水を散水する。廃水はろ層を通過する過程で、石の表面に付着している生物群集によって処理される。BOD成分を処理するのは微細な菌類だが、この菌類を補足するさまざまな微生物がろ床で活躍する。散水ろ床の優れた点は4点ある。

　まず、汚泥の発生が極端に少ない。活性汚泥法より自然に近い状態を再現することで、食物連鎖のより高いピラミッドが形成され、結果として汚泥発生が少なくなる。

　次に、単位面積当たりの処理量が上がるので、施設の設置面積が少なくてすむ。さらに安定した処理が可能。最後にイニシャルコストは活性汚泥法より高いが、ランニングコストを含めた比較では6、7年で活性汚泥法を下回る。散水ろ床法はコストや衛生面で厳しい食品工場などの廃水処理施設として現在も稼働している。ハエや悪臭の問題もなく一般的な活性汚泥処理より優れた処理を行っている。

11 エネルギーや堆肥をつくれるコンポストトイレ

　さらにコンポストトイレは、人のし尿や生ゴミなどを有機物や微生物によって分解、発酵処理し、それを堆肥や土壌改良に変える。トイレのなかに微生物のすみかとなるおが屑などが入っており、し尿と混ざると酸素を取り込んだ状態で保たれる。微生物による分解が進むとオガクズはコンポスト（有機質肥料）となる。

　おが屑には目に見えないような小さな穴が無数に開いている。その小さな穴がバクテリアの絶好の家になる。おが屑によってバクテリアが安心して繁殖できる環境が整い、勝手にどんどん繁殖してくれる。大便はバクテリアが分解してしまう。つまりどこに行くのでもなく消滅してしまう。また排泄物に含まれる養分などはどんどんおが屑に吸収されていくので、おが屑は時間の経過とともに茶色く変色していく。

　また、し尿を回収して肥料や燃料として利用する便器やトイレも開発されました。さらに、し尿を発酵させてメタンガスを発生させ、燃料やランプとして利用するバイオガストイレも次第に普及しつつある。

　人間の排泄物を病原菌のない肥沃な土に変えて自然や農業に還元していこうという研究もされている。かつて肥料や家畜のえさとして使われていた人間の糞を、科学的にもう１度見直すとともに、自然で費用対効果の高い手段によって新しいトイレを世界に広めようとする動きだ。これは、特に発展途上国に

有用な非水洗トイレの普及や、極少洗浄水の次世代トイレの開発とともに注目されることといえる。世界的にはコンポストトイレの導入は進んでいる。このトイレを導入することにより水の使用量が減り、汚水も流れず生活環境は改善される。

日本でも数十年まえは尿と便は別々にして農業に利用していた。尿はそのまま畑にまき、便は畑の溝に穴を掘って、土をかぶせて堆肥にした。石油由来の化学肥料が出てくるまではこれが普通だった。

懐古主義的に昔の方法に戻ることをすすめるわけではない。ただ、すべての地域でハイテクが活躍できるわけではなく、小規模コミュニティーではローテクのほうが使い勝手がよいということがある。それは開発途上国への貢献の場合でも同じだ。日本の小規模集落で使いやすい技術は海外の小規模集落でも一般的に使いやすい。

10 FEW（food、forest、energy、water）を自立するコミュニティー

1　FEWの自立とは何か

　水に関して大きな問題が進行していたのに、利用者である私たちが気づかなかったのはなぜか。それは私たちが水の需要者になったためである。本来、水は自分たちで確保するものだった。

　しかし、社会の発達とともに水の供給を専門に行う事業者にまかせるようになった。水道事業者は、多くの需要者を相手にし、大規模集中的に処理（上下水道処理）したほうが、効率的である。

　だが水の供給者と水の需要者の完全な分離は、供給活動のなかで起こっていることをわかりにくくする。需要者は高品質で安価なものを求めるが、それ以外のことには興味をもたない。それは電気事業と同じ「まかせきり」の構造だ。

　他者への依存があまりに進むと、いざというときに自分の安全は守れない。大きなしくみが優先されるあまり、個人や小さなコミュニティーは切り捨てられる可能性がある。

　コミュニティーがある程度の自立を保つために必要なのは、水、エネルギーのほかに、食料、森がある。それぞれの頭文字をとるとFEW（food、forest、energy、water）となる。コミュニティーでFEWを確保し、守り、コミュニティーでFEWを使う。FEWの地産地消こそが、コミュニティーの未来を切り開

く。

　FEWはそれぞれが密接につながっている。簡単にまとめると以下のようになる。
① **水とエネルギーの関係**…上下水道には大量のエネルギーが使われている。大量の化石燃料をつかうと気候変動により水循環の乱れが生じる。一方で水の流れエネルギーを生み出す。
② **水と森の関係**…水によって森は成長する。健全な森には浄水能力、治水能力がある。
③ **水と食料の関係**…食料生産に水は欠かせない。世界中の淡水の7割が食料生産のために使われている。食料生産につかわれる農薬や肥料は水を汚す。
④ **エネルギーと森の関係**…森には化石燃料使用で排出された温暖化ガスを吸収する能力がある。木はエネルギーとして有効活用できる。
⑤ **エネルギーと食料の関係**…食料生産は大量の石油、石油由来の肥料などを使って行われている。また食料の輸送や廃棄処分にもエネルギーは使われる。
⑥ **森と食の関係**…森が健全であると水が豊かに湧きだすので食料生産はしやすくなる。森が荒れるとえさを失った野生動物が農作物を食べる。

　この関係を考えながら、FEWの相互に負荷をかけることなく利用し、最終的にはコミュニティー内でのFEWの自給自足を目指すべきだろう。もちろん自給自足できる地域、できない地域、できることできないことはある（Eは可能だがWは不可能など）が、少なくともFEWの単なる需要者にはならないよう、生産過程にも目を配るべきだろう。

2　日本の森と水源がピンチに

　2012年2月下旬、東京都三鷹市で「TOKYO WOOD FORUM」が開催された。「作る人」、「売る人」、「使う人」、「伝える人」が主体的に集まり、多摩産材の新しいプレミアムブランド『Small Wood Tokyo』を構想し、実現していく動き生み出すセッション。実際に多摩で林業に携わる人、ふだんは林業とは関係のない仕事をする人や大学生など、約50名が集い、多摩産材の有効活用を考えはじめた。

　これには2つの森と水源を守るという意味がある。

　現在、日本人が1年間に使う木材の容積は、約1億立方メートルだが、そのうちの8割を外国産に頼っている。

　1964年の木材輸入自由化以降、価格の安い外国産材が市場にあふれ、生産コストや人件費がかかる国産材の需要は急速に減少した。需要と供給のバランスが崩れたために、国産のスギ、ヒノキ、マツなどの価格は、50年前の半分程度に落ち込み、間伐など森林管理を行うと経営が成り立たなくなった。間伐されるのは補助金分だけで、放置され、荒廃する森が増えている。

　そして荒廃した森の土壌からは、保水力が失われる。日本の森と私たちの水源は、いつのまにかピンチに陥っていたわけだ。

　日本人の生活には木が欠かせない。多くの人は木の家に住み、木製の調度品を使用しているだろう。

　だが、日本の木材自給率は2割程度しかない。ということは、あなたの家にある机、テーブル、本棚などは、ほとんどが輸入された木材でつくられたも

のかもしれない。

　実際、日本は世界各国が輸出する丸太の半分近くを買っている。そのため海外では日本向けに森が乱伐されるケースもある。マレーシア、インドネシア、ロシアなどの、いくつかの場所では、伐採後に土が剥き出しになったままだ。私たちは外国産の木を使った家に住み、木材製品を使うことで、知らないうちに海外の森林破壊に関与している。

3　身近な木材を使うことの大切さ

　だが1人ひとりの意識がちょっと変われば、2つの森と自らの水源を守ることができそうだ。「TOKYO WOOD FORUM」でも、「多摩産材を使うと森が育つ」ことが繰り返し確認された。

　東京の消費者が多摩産材を使うと、収益が森に還り、間伐などの手入れをしたり、間伐した木材を加工することが仕事として成り立つ。

　すると結果的に荒廃した森が蘇っていく。健全に管理された森は水を育む。東京の水源である奥多摩が守られることになる。多くの人を悩ませる花粉も今ほど大量に飛ばすことはない。さらに輸送にかかるエネルギーをへらせるというメリットもある。

　間伐材をつかう動きは各地で進みつつある。静岡県富士宮市のNPO法人森の蘇りは、間伐材の有効活用を考えている。皮むき間伐という手法を用いて、「どの木を残したらこの森がよくなるだろうか。そのためにどの木を間伐したらいいのだろうか」を慎重に考え、一定面積にふさわしい木の断面積を計算し、その後、生育具合、枝のぶつかり方、間伐後の風の通り方や日照などを話し合って、間伐する木を決め

皮むき間伐

① 間伐する木をていねいに選び、皮をむく。

②皮をむかれた木は、水分や養分を得られなくなり枯れてゆく。

③1年半後、水分のぬけた木を伐採する。

る。

　切り出した間伐材は使ってこそ活きる。「森の蘇り」は間伐材を「きらめ樹」と名付け、床材、壁材などに加工し、販売している。

　最近では、細い間伐材を活用した、「きらめ樹卒塔婆」をつくりはじめた。お墓参りに行ったら墓石の後ろに立つ卒塔婆を見て欲しい。おそらく1つとしてフシのない、きれいな木ではないか。一般的にフシのないきれいな卒塔婆は外国産材。30センチ角くらいの原木から機械で製材される。

　「森の蘇り」では、直径20センチほどの檜の間伐材から薄い板をつくり、ジグソー（電動のこぎり）で整形する。

　この卒塔婆を使い始めた寺の住職は、「これを使うことによって、厄介者の間伐材が生きることになり、ひいては日本の森を蘇らせるお手伝いができる」と喜んでいる。

　工夫次第でさまざまな活用法のある間伐材。それを流域に住む人で支えていくしくみができれば、持続可能な流域ができる。木は、きちんと循環させることさえできれば、絶えることのない資源。あらゆる資源が不足している日本だが、木に関しては、世界に誇れるほどの備蓄量がある。この資源を守りながら活用することで、2つの森と自らの水源を守ることができる。

4　地下水涵養量を増やすしくみづくり

　各地の自治体で地下水の汲み上げを規制するルールづくりが進んでいる。不透明な土地取引、それにともなう無秩序な揚水を懸念してのものだ。

間伐材でつくられた壁

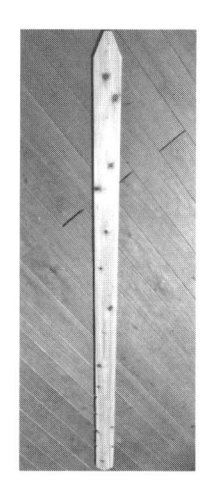

間伐材でつくられた卒塔婆

間伐材の森には多様な植物がはえてくる

第10章 FEW(food、forest、energy、water)を自立するコミュニティー

だが、規制するだけでは、減ってしまった地下水を増やすことはできない。流域全体で地下水を育むしくみが求められている。

　「水どころ」として知られる安曇野市。2011年12月、市の地下水保全対策研究委員会で、座長を務める藤縄克之・信州大教授（地下水学）が「市の地下水が年間600万トン減少している」と発表した。

　同委員会は、地下水涵養（かんよう＝表層水が地層に浸透し、地下水となること）をうながすルールをつくろうとしている。

　たとえば、地下水利用者に料金負担を求める際の方程式の案を見ると、

「地下水の単価」×「地下水利用量（取水量－涵養量）」

となっている（このほかに負担能力、地下水影響度に関する係数が加わる）。

　安曇野ではさまざまな産業が地下水を使用するため、水涸れや水位低下が問題になり、利用者間で軋轢が生じていた。

　しかし、この公式では、涵養量が増えるほど料金負担は低くなる。利用者が積極的に地下水涵養を行えば、地下水利用量が減るため負担金はゼロに近づき、同時に、地下水量の減少に歯止めがかかることになる。

　言わば、一石二鳥の効果があるわけだ。ただし地元には、「思い描いたようになるだろうか」という慎重論も根強い。

5 使用量以上の水を涵養する工場

　同じ「水どころ」である熊本にこんな先例がある。阿蘇外輪の西側から連なる1000平方キロメートルの大地。100万人が暮らす熊本市の上水道のほぼ100％は、ここで育まれた地下水でまかなわれている。だが、この地の地下水は、梅雨時の雨と水田の灌漑用水がみなもと。減反政策によって、稲作をやめてしまった休耕田や、稲作以外に田んぼを利用する転作田が増えてくると、田んぼから地下に水が浸透しなくなり、地下水は減っていった。

　1990年後半、東海大学の市川勉教授が、「熊本市の江津湖の湧水が10年で20％減った」と報告をした。ソニーの半導体工場（ソニーセミコンダクタ株式会社・熊本テクノロジーセンター）が地下水涵養地域に進出することになったのは、そんな時期だった。半導体生産は地下水を大量に使用する。地元の環境団体「環境ネットワークくまもと」は、地下水使用量予測と薬品に対する対策について公開質問状を提出した。

　これがきっかけとなってさまざまな方策が検討された結果、ソニーは2003年度から、地元農家や環境NGO、農業団体と協力し、地下水涵養事業をはじめた。

　協力農家を探し、稲作を行っていない時期や、畑作と稲作の間の休耕期などに、川から水を引いて田んぼに水を張ってもらうことで、地下に水を還元する。その費用をソニーが負担するというしくみだ。

　この周辺は「ざる田」といって水が浸透しやすく、1日で水田の水深が約10センチも下がる。日照りの

影響を受けた2005年をのぞき、熊本テクノロジーセンターで使用した以上の水量を、涵養させることができた。最近の東海大学の調査では、地下水涵養を始めてから熊本市内の湧水が増えていることがわかっている。

6 農地にとっても大きなメリット

　安曇野では転作田を用いた地下水涵養を実施することが検討されている。小麦などの転作作物の収穫後に、一時的に湛水し地下水涵養する。小麦であれば、6月の刈取り後に湛水することになる。田んぼに入れる農業用水を一時的に小麦畑にまわすわけだが、ちょうど水稲の中干し期間に当たるため水稲の水不足にはならないし、新たな水利権を得る必要はない。

　すでに一部の農家が実施しており、除草や連作障害の対策になっているので、あまり障害なく進むのではないか。仮に安曇野の350ヘクタールの小麦畑に2か月間、水を入れたとすると600万トンの地下水涵養量になる。

　さらに大規模な地下水涵養を行うには、冬期の使用していない田んぼに水を張る「冬みずたんぼ」が有効だが、活動の広がりには、地下水涵養のメリットが普及啓発されることが大切だろう。

　冬の田んぼに水を張ると菌類やイトミミズ、水鳥など多くの生物のすみかとなる。

　水鳥の糞はリンを多く含み、養分が豊富で肥沃な土をつくる。稲の切り株やワラなどの有機物は、菌類によって分解され、肥料となる。イトミミズは田んぼの有機物を分解しながら自らのエネルギーとして活動し、泥の表面に糞を出す。菌類と糞が適度に

混ざり合った泥の細かな粒子は肥沃なトロトロ層を形成する。

また、蛙の産卵を助けるため、害虫が発生する頃にはカエルが大いに活躍し、農薬を使わずとも害虫を駆除してくれる。

つまり、田んぼに水を貯めることで、生きものの力が借りられるようになり、肥料や農薬を極力抑えた米づくりができるようになるわけだ。

田んぼに水を貯めるメリットは地下水を守るためだけではない。自然で安全な食べものづくりもできるようになる。

7　食料生産には水が必要

水とエネルギーも大いに関係する。たとえば、浄水場で水をきれいにするにはたくさんのエネルギーが使われるし、たくさん石油をつかうと温暖化によって水の循環が乱れる。

日本全国で水道にかかるエネルギーは年間150億キロワット／時、このうち多くが遠くまで水を送る導水に費やされる。近くの水源を利用することで、このエネルギーはおさえることができる。また、緩速ろ過はいきものの働きによって、小さなエネルギーでおいしい水をつくる。そもそも水源が汚れてから浄水処理するのではなく、水源を大切にするほうが、エネルギーはかからない。

食と水についていえば、食料生産に水は欠かせない。日本のカロリーベースの食料自給率は40％。

食料を輸入するとは間接的に水を輸入することであり、その量は年間640億トンにのぼる。

ところが輸入相手国の水は不足している。アメ

カ中西部には「世界のパンかご」と呼ばれる大農業地帯がある。ここにはオガララ水系という世界最大級の地下水脈が南北に走っている。これまで地下水を汲み上げて農業生産を行ってきたが、枯渇が心配される。

牛肉生産地であるオーストラリアでは、水が高価で貴重な資源となったため牛の飼育を止め、水をあまり使わなくても育ち、利益率の高いオリーブなどの作物に転換しはじめた。

今後水不足が進むと、これらの国から、いままでと同じように食料を輸入することはできなくなるだろう。

では日本が食料自給率を上げようとしたらどうなるか。国内の食料生産に用いられる水は年間約570億トンあまり。食料自給率を50％にしようとすると年間140億トンの農業用水が追加で必要だが、これだけの水は日本にない。

8 循環利用で食の自立を図る

したがって流域内の水の保全と効率的な利用を考えるべきだ。これまでは農業集落排水（生活排水）処理水や使用した農業用水が、河川に放流された。今後は、農業集落排水処理水を農業用水に利用する。稲作等に用いた水も浄化して農業用水に再利用する。農業排水中には肥料などから溶け出した高濃度の養分が含まれており、これが水質悪化の原因となっていた。

しかし、排水を利用して別の作物を育てることができる。養分が必要な作物からさほど栄養分の必要としない作物へと水を循環させる。世界的には、下

水処理水が食料生産につかわれるケースもある。ペルーのリマでは処理済みの下水でティラピアを生産している。インドの東コルカタ湿地では、養殖場や野菜畑で独自の下水再利用システムを採用している。下水に含まれる養分で魚や野菜を育て、その後の水をインド洋に流すため、水質改善にも役立っている。

　水は1度使ったら終わりというものではなく、何度も繰り返し使えるものなのだ。

　農作物を育てた水は河川に流されていた。農業排水中には肥料などから溶け出した高濃度の養分が含まれており、これが水質悪化の原因となっていた。特に化学肥料に含まれる窒素やリンは、植物プランクトンのえさとなり、赤潮など大量発生の原因になる。

　でも考えようによっては、この水は養分を含んだ水であり、次の畑へと流せば、そこで別の作物を育てることができる。養分が必要な作物の畑からさほど養分の必要としない作物の畑へと流し、水を2次、3次利用するわけだ。

　その過程で水に含まれていた窒素やリンはどんどん減っていくので、河川に流れ出ても、自然に与える影響は少なくなる。私たちは普段きれいな水を使い、1度使ったら、そのまま流してしまう生活をしている。でも水は繰り返し使える。水を繰り返し使う生活が当たり前になれば、こうしたアイデアはもっと出てくるだろう。

9　山間部で小規模水力発電を

　水とエネルギーについて言うと、山間部はエネルギーの宝庫でもある。小水力発電は、水流の小さな

落差や農業用水路で水車を回して電気を起こす。日本は山国であり、山に降った雨は勢いよく流れる。
　日本は雨の多いアジア・モンスーン帯に位置し、その日本列島には雨を集める装置の脊梁山脈で覆われている。ベルは日本列島の気象と地形を見て、水力エネルギーの宝庫であることを見抜いたのである。
　伊豆市湯ケ島の温泉街を流れる狩野川上流部の老舗旅館の敷地内に、東電系の「東京発電」が運営する落合楼小水力発電所がある。この施設は新しいものではない。1962年に旅館の自家発電用に設置されたもの。川の水を川べりの導水路に通し、タービンを回して発電する。出力100キロワット時の電力量は一般家庭約200軒分に相当する。
　最近では効率の高いタービン発電機が開発されていて、わずかな落差、小さな流れでも大きなエネルギーを生むことができる。高低差を利用して送水する既存の水道施設を活用できる上、二酸化炭素（CO_2）などの温室効果ガスの排出抑制にもつながる新たな発電方式として、温暖化対策に取り組む自治体を中心に注目を集めている。
　2011年には東京都の長沢浄水場でも流水式の称す力発電機が試験導入された。これは落差のない水路を流れる水でも発電できるタイプで、従来の水力発電の設置工事のような多大な工事費用は不要。設置工事自体も短期で完了できるため、低コストで設置することができる。
　小水力発電機を設置しようとすると水利権の問題に直面することがあるが、水道局の設備のなかに設置するのであれば問題ない。
　流域内でFEWの地産地消を模索することによっ

て、持続可能なまちづくりのアイデアが出てくるのだろう。

10　人が水の循環に与える影響

　水はさまざまに形を変えて循環する。大きくは地球を循環し、身近なところでは流域内を循環している。雨も地下水も河川水も飲み水も下水も一体の存在であり、現在と将来の動植物の生存に不可欠なものといえる。

　人間の暮らしは水の循環に大きな影響を与えてきた。人間は水の近くで暮らしてきた。川の近くにムラやマチができ、文明は発展してきた。現代に生きる私たちも川のそばに住んでいる。もっといえば水道は家のなかを流れる川だ。水道の蛇口から入ってきた水を使い、排水口から汚れた水を流す。さらには生産活動でも大量の水を使う。地下水を使い過ぎることもある。さらには農業排水や工業排水も水の循環に大きな影響を与える。

　さらに、森が荒廃すれば、森の保水機能、浄水機能が弱まる。すると森が生み出す水の恩恵を受けていた動植物はこれまでのように水を得られなくなる。食料生産はもちろん大量の水を使う。化石エネルギーを大量につかって温暖化が進むと、水循環のスピードが早まり、雨が降らなくなる地域、雨が大量に降る地域が生まれる。

　このように私たちは水循環の恩恵を受けながら生活し、量と質の面で水循環に負荷をかけている。人間の社会がある以上、負荷をゼロにすることはできない。だが負荷を極力少なくすることはできる。

　水問題を解決するには、1つの問題だけを見るので

はなく、より大きな視点が求められる。それぞれの問題は互いに関係し合い、問題を複雑にする。1つの問題の解決が、他の問題を引き起こすこともある。

　陸上の水は自然形態として存在する分水嶺により区切られた集水域（流域）を単位に循環している。したがって、水の管理も流域を単位として行うのが自然だ。各流域は、自然的・社会的・歴史的条件が異なることから、水行政に関わる課題についてもそれぞれ重要度が違う。ダムが必要な地域もあるし、いらない地域もある。水利用や排水方法も地域によって適したやり方がある。全国一律の基準による管理でなく、流域ごとに地域に適合した水政策や水管理を住民合意で作り出していくことができるとよい。

著者紹介

橋本　淳司（はしもと　じゅんじ）

ジャーナリスト。アクアスフィア代表

1967年、群馬県館林市生まれ。学習院大学卒業後、出版社勤務を経て現職。国内外の水問題とその解決方法を取材し、メディアで発信、政策提言も行う。同時に、子どもたちや一般市民の方を対象としたわかりやすい水の講演「みずのほし　みずのはなし教室」活動も行う。

現在、東京学芸大学客員准教授、参議院第一特別調査室客員調査員、NPO法人地域水道支援センター理事、日本水フォーラム節水リーダー、静岡県水資源総合管理に関する基本構想検討委員。

主な著書は『67億人の水　争奪から持続可能へ』（2010年／日本経済新聞出版社）、『日本の「水」がなくなる日』（2010年／主婦の友社）、『世界と日本の水問題』（2011年／文研出版）／『「放射能汚染水」「水不足」「水道停止」安全な水はどう確保する？』（2011年／主婦の友社）など。

アクアスフィアHP
http://www.aqua-spher.net.

コパ・ブックス発刊にあたって

　いま、どれだけの日本人が良識をもっているのであろうか。日本の国の運営に責任のある政治家の世界をみると、新聞などでは、しばしば良識のかけらもないような政治家の行動が報道されている。こうした政治家が選挙で確実に落選するというのであれば、まだしも救いはある。しかし、むしろ、このような政治家こそ選挙に強いというのが現実のようである。要するに、有権者である国民も良識をもっているとは言い難い。

　行政の世界をみても、真面目に仕事に従事している行政マンが多いとしても、そのほとんどはマニュアル通りに仕事をしているだけなのではないかと感じられる。何のために仕事をしているのか、誰のためなのか、その仕事が税金をつかってする必要があるのか、もっと別の方法で合理的にできないのか、等々を考え、仕事の仕方を改良しながら仕事をしている行政マンはほとんどいないのではなかろうか。これでは、とても良識をもっているとはいえまい。

　行政の顧客である国民も、何か困った事態が発生すると、行政にその責任を押しつけ解決を迫る傾向が強い。たとえば、洪水多発地域だと分かっている場所に家を建てても、現実に水がつけば、行政の怠慢ということで救済を訴えるのが普通である。これで、良識があるといえるのであろうか。

　この結果、行政は国民の生活全般に干渉しなければならなくなり、そのために法外な借財を抱えるようになっているが、国民は、国や地方自治体がどれだけ借財を重ねても全くといってよいほど無頓着である。政治家や行政マンもこうした国民に注意を喚起するという行動はほとんどしていない。これでは、日本の将来はないというべきである。

　日本が健全な国に立ち返るためには、政治家や行政マン、さらには、国民が良識ある行動をしなければならない。良識ある行動、すなわち、優れた見識のもとに健全な判断をしていくことが必要である。良識を身につけるためには、状況に応じて理性ある討論をし、お互いに理性で納得していくことが基本となろう。

　自治体議会政策学会はこのような認識のもとに、理性ある討論の素材を提供しようと考え、今回、コパ・ブックスのシリーズを刊行することにした。COPAとは自治体議会政策学会の英略称である。

　良識を涵養するにあたって、このコパ・ブックスを役立ててもらえれば幸いである。

自治体議会政策学会　会長　竹下　譲

COPABOOKS
自治体議会政策学会叢書
水は誰のものか
―水循環をとりまく自治体の課題―

発行日	2012年10月15日
著 者	橋本　淳司
監 修	自治体議会政策学会Ⓒ
発行人	片岡　幸三
印刷所	倉敷印刷株式会社
発行所	イマジン出版株式会社

〒112-0013　東京都文京区音羽1-5-8
電話　03-3942-2520　FAX　03-3942-2623
http://www.imagine-j.co.jp

ISBN978-4-87299-619-7　C2031　￥1200

乱丁・落丁の場合は小社にてお取替えいたします。

イマジン出版
http://www.imagine-j.co.jp/

COPA BOOKS
自治体議会政策学会叢書

【増補版】行政評価の導入と活用
―予算・決算、総合計画―
稲沢 克祐(関西学院大学専門職大学院教授)著
□A5判／110頁　定価1,050円(税込)

自然地理学からの提言 開発と防災
―江戸から東京の災害と土地の成り立ち―
松田磐余(関東学院大学名誉教授)著
□A5判／150頁　定価1,260円(税込)

情報社会と議会改革
―ソーシャルネットが創る自治―
小林隆(東海大学准教授)著
□A5判／158頁　定価1,260円(税込)

【改訂版】地域防災とまちづくり
―みんなをその気にさせる災害図上訓練―
瀧本浩二(山口大学准教授)著
□A5判／128頁　定価1,050円(税込)

農村イノベーション
―発展に向けた撤退の農村計画というアプローチ―
一ノ瀬友博(慶應義塾大学准教授)著
□A5判／96頁　定価1,050円(税込)

農業政策の変遷と自治体
―財政からみた農業再生への課題―
石原健二(農学博士)著
□A5判／86頁　定価1,050円(税込)

自治を拓く市民討議会
―広がる参画・事例と方法―
篠藤明徳(別府大学教授)／吉田純夫(市民討議会推進ネットワーク代表)／小針憲一(市民討議会推進ネットワーク事務局長)著
□A5判／120頁　定価1,050円(税込)

まちづくりの危機と公務技術
―欠陥ダム・耐震偽装・荒廃する公共事業―
片寄俊秀(大阪人間科学大学教授)／中川学(国土問題研究会/技術士)著
□A5判／120頁　定価1,260円(税込)

自治体の観光政策と地域活性化
中尾清(大阪観光大学教授)著
□A5判／180頁　定価1,575円(税込)

スウェーデン 高い税金と豊かな生活
―ワークライフバランスの国際比較―
星野泉(明治大学教授)著
□A5判／120頁　定価1,050円(税込)

地域自立の産業政策
―地方発ベンチャー・カムイの挑戦―
小磯修二(釧路公立大学教授・地域経済研究センター長)著
□A5判／120頁　定価1,050円(税込)

【増補版】自治を担う議会改革
―住民と歩む協働型議会の実現―
江藤俊昭(山梨学院大学教授)著
□A5判／164頁　定価1,575円(税込)

いいまちづくりが防災の基本
―防災列島日本でめざすは"花鳥風月のまちづくり"―
片寄俊秀(大阪人間科学大学教授)著
□A5判／88頁　定価1,050円(税込)

インターネットで自治体改革
―市民にやさしい情報政策―
片寄俊秀(大阪人間科学大学教授)著
□A5判／88頁　定価1,050円(税込)

まちづくりと新しい市民参加
―ドイツのプラーヌンクスツェレの手法―
篠藤明徳(別府大学教授)著
□A5判／110頁　定価1,050円(税込)

犯罪に強いまちづくりの理論と実践
―地域安全マップの正しいつくり方―
小宮信夫(立正大学教授)著
□A5判／70頁　定価945円(税込)

地域防災・減災 自治体の役割
―岩手山噴火危機を事例に―
斎藤徳美(岩手大学副学長)著
□A5判／100頁　定価1,050円(税込)

自治体と男女共同参画
―政策と課題―
辻村みよ子(東北大学大学院教授)著
□A5判／120頁　定価1,260円(税込)

――――――●ご注文お問い合せは●――――――

イマジン自治情報センター TEL.03(5227)1825／FAX.03(5227)1826
〒162-0801 東京都新宿区山吹町293 第一小久保ビル3階　http://www.imagine-j.co.jp/